刺绣线钩织的四季花草

日本E&G创意　编著

刘晓冉　译

河南科学技术出版社

·郑州·

目录

Contents

※括号内为制作方法所在页面。

※括号内为制作方法所在页面。

将花朵夹在书中，

或插在盒子里……

感受这份不同以往的空间感吧。

a

b

b′

彩鸾花

blue lechenaultia

制作方法 p. 41

设计、制作
远藤博美

简介

草海桐科彩鸾花属

松红梅

woolly tea tree

制作方法 p. 42

设计
冈本启子
制作
广川笑子

a

简 介

桃金娘科鱼柳梅属

b

玫瑰

rose

制作方法 p. 44

设计、制作
镰田惠美子

简介

蔷薇科蔷薇属

法兰绒花

flannel flower

制作方法 p.43

设计、制作
镰田惠美子

a′
（b′见p.4）

简介

伞形科绒苞芹属

三色堇

pansy

制作方法 p. 46

设计、制作

曾根静夏

a

b

简介

堇菜科堇菜属

提灯花

sandersonia

制作方法 p. 48

设计、制作
远藤博美

简介

秋水仙科提灯花属

桔梗

balloon flower

制作方法 p. 49

设计、制作
河合真弓

简 介

桔梗科桔梗属

夏雪片莲

summer snowflake

制作方法 p. 50

设计、制作
松本熏

简介

石蒜科雪片莲属

金鱼草

snapdragon

制作方法 p. 51

设计、制作
曾根静夏

简 介

车前科金鱼草属

圣诞玫瑰

Christmas rose

制作方法 p. 52

设计、制作
松本薰

简介

毛莨科铁筷子属

沈丁花

winter daphne

制作方法 p. 53

设计
冈本启子
制作
广川笑子

简介

瑞香科瑞香属

茉莉花

jasmine

制作方法 p. 54

设计、制作
曾根静夏

a

简介

木樨科素馨属

b

还有很多可爱的花朵即将登场。

请继续观赏。

棉花

cotton flower

制作方法 p. 56

设计、制作
镰田惠美子

简介

锦葵科棉属

绒球花

brunia stokoei

制作方法 p. 58

设计、制作

曾根静夏

简介

绒球花科绒球花属

番红花

crocus

制作方法 p. 60

设计、制作
河合真弓

简介

鸢尾科番红花属

风铃草

campanula

制作方法 p. 62

设计、制作
远藤博美

简 介

桔梗科风铃草属

山茶花

camellia

制作方法 p. 64

设计、制作
松本薫

简介

山茶科山茶属

梅花（鹿儿岛红梅）

ume

制作方法 p. 63

设计
冈本启子
制作
广川笑子

简介

蔷薇科李属

春飞蓬

philadelphia fleabane

制作方法 p. 66

设计、制作
河合真弓

简介

菊科飞蓬属

葡萄风信子

grape hyacinth

制作方法 p. 68

设计、制作
松本薫

简介

天门冬科蓝壶花属

毛边郁金香

fringe blooming tulip

制作方法 p. 70

设计、制作
远藤博美

a

b

简介

百合科郁金香属

c

六出花

alstromeria

制作方法 p. 69

设计、制作
能岛裕子

简介

六出花科六出花属

香豌豆

sweet pea

制作方法 p. 72

设计、制作
能岛裕子

简介

豆科山黧豆属

大丽花

dahlia

制作方法 p. 73

设计、制作
能岛裕子

简介

菊科大丽花属

虞美人

corn poppy

制作方法 p. 74

设计、制作
能岛裕子

简介

罂粟科罂粟属

姜黄

siam tulip

制作方法 p. 75

设计、制作
能岛裕子

简介

姜科姜黄属

本书中使用的线

Embroidery Thread

下面介绍本书中使用的DMC刺绣线的色卡。
美丽而丰富的颜色变化，一定会为您的作品增色。

DMC 25号刺绣线

3713	894	23	778	3743	3840	159	828	964	955	14	10	17
761	893	3689	3727	3042	3839	160	3761	959	13	15	11	18
760	892	3688	316	3041	3838	161	519	958	954	16	12	834
3712	891	3687	3726	3740	800	3756	518	3812	913	704	165	833
3328	818	3803	315	27	809	775	3760	3851	912	703	3819	832
347	957	3685	3802	28	799	3841	517	943	911	702	166	831
353	956	605	902	29	798	3325	3842	3850	910	701	581	830
352	3708	604	3836	3747	797	3755	311	993	909	700	580	829
351	3706	603	3835	341	796	334	747	992	3818	699	523	746
350	3705	602	3834	156	820	322	3766	3814	369	907	3053	677
349	963	601	154	340	162	312	807	991	368	906	3052	422
817	3716	600	24	155	827	803	3765	966	320	905	3051	3828
304	962	3806	25	3746	813	336	3811	564	367	904	524	420
3833	961	3805	26	333	826	823	598	563	319	472	522	869
3832	309	3804	211	30	825	939	597	562	890	471	520	613
3831	819	3609	210	31	824	3753	3810	505	164	470	734	612
777	3326	3608	209	32	996	3752	3809	3817	989	469	733	611
3801	899	3607	208	157	3843	932	3808	3816	988	937	732	610
666	335	718	3837	794	995	931	928	163	987	936	730	3047
321	326	917	327	793	3846	930	927	3815	986	935	3013	3046
498	151	915	153	3807	3845	3750	926	561	772	934	3012	3045
816	3354	33	554	792	3844		3768	3813	3348	3364	3011	167
815	3733	34	553	158			924	503	3347	3363	372	
814	3731	35	552	791			3849	502	3346	3362	371	
	3350		550				3848	501	3345		370	
	150						3847	500	895			

25号刺绣线

100%棉　1束／8m　500色

（实物大照片）

渐变色线

100%棉　1束／8m　60色

（实物大照片）

- 从左至右依次为材质→线长→色数。
- 印刷品颜色与实物可能存在色差，请以实物为准。

676	445	951	948	453	3865	3072	48
729	307	3856	754	452	ECRU	647	107
680	973	722	3771	451	822	3023	115
3829	444	721	758	3861	644	3022	99
3822	3078	720	3778	3860	642	3024	52
3821	727	3825	356	779	640	648	93
3820	726	922	3830	09	3787	646	121
3852	725	921	355	712	3021	645	67
728	972	920	3777	739	844	B5200	125
783	745	919	3779	738	3033	BLANC	92
782	744	918	3859	437	3782	762	94
780	743	3770	3858	436	3032	415	90
3823	742	945	3857	435	3790	318	51
3855	741	402	20	434	3781	414	106
19	740	3776	21	433	05	01	111
3854	970	301	22	801	06	02	105
3853	947	400	3774	898	07	03	69
3827	946	300	950	938	08	04	53
977	900	225	3064	3371	3866	535	
976	967	224	407	543	842	168	
3826	3824	152	3772	3864	841	169	
975	3341	223	632	3863	840	317	
	3340	3722		3862	839	413	
	608	3721		3031	838	3799	
	606	221				310	

渐变色线

4000	4090	4214
4010	4095	4215
4015	4100	4220
4017	4110	4230
4020	4120	4235
4022	4122	4237
4025	4124	4240
4030	4126	4245
4040	4128	4250
4042	4129	4255
4045	4130	4260
4047	4135	4265
4050	4140	
4060	4145	
4065	4150	
4066	4160	
4068	4170	
4069	4180	
4070	4190	
4072	4200	
4073	4205	
4075	4210	
4077	4211	
4080	4212	

基础教程

各作品通用的基础方法

刺绣线的处理方法

1 拉出线头。左手捏住一束线一端的线圈，右手从另一端慢慢拉出线头，这样就能顺畅地拉出线头了。

2 25号刺绣线是由6股细线松松地捻在一起的。

3 没有特别说明时，本书中的作品直接使用6股线钩织。

线的分股方法

4 有特别说明时，需将刺绣线分股。将线剪成适当的长度，打开线捻，更容易分股。

标签上标记着色号。为了方便以后补充刺绣线，可以保留标签，不从线上取下；也可以记录色号。

在铁丝上绕线的方法

1 如箭头所示，将线紧密地缠绕在铁丝上（图a）。在适当的位置用钳子把铁丝往回折（图b）。保留1cm弯折后的部分，将其余部分的铁丝用钳子剪断。

2 在弯折处轻轻绕3圈线，用钳子夹紧铁丝。

3 弯折后的部分再次缠绕绣线。

4 用绣线把弯折的铁丝都缠住，再继续多缠几圈后，用手缝针将绣线穿过主体部分。用胶水把线粘在主体上固定后，将线剪断。

从花朵开始在铁丝上绕线的方法 (此处以p.10三色堇为例进行说明)

●为了清晰易懂，使用了和原作品颜色不同的线和珠子

1 在铁丝上穿入1颗珠子，把铁丝对折后继续穿过花朵的中心、萼片的中心。

2 铁丝并拢后绕线至指定位置。这时如果有钩织的线头，就把它贴紧铁丝，用绣线将其缠绕在里面。

3 绕线至指定位置后，在左右各增加1片叶子a，继续绕线。

4 继续绕线至指定位置后，在左右各增加1片叶子b，再次绕线。

包裹铁丝的方法 **将铁丝顶端包圆的方法** (此处用p.27葡萄风信子的叶子进行说明)

1 钩织起针的36针锁针和1针起立针后，挑起锁针的里山，将针头穿入铁丝的环中，钩织短针。

2 这是钩织了几针后的样子。如箭头所示入针，继续钩织下去。

3 钩织至顶端后，翻转织片，如箭头所示入针，继续钩织。

4 叶子钩织完成。

包裹铁丝的方法 **用短针包住铁丝钩织的方法** （此处用p.29六出花的叶子进行说明）

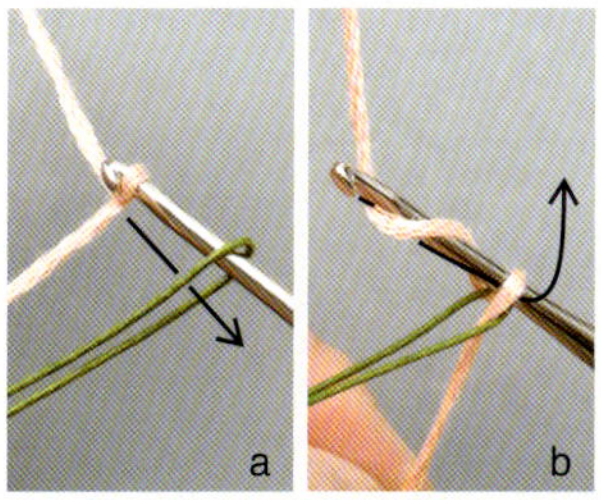

1 将铁丝对折，穿入钩针，在钩针头上挂线（图a）。将钩针头上的线拉出，钩织1针起立针（图b）。

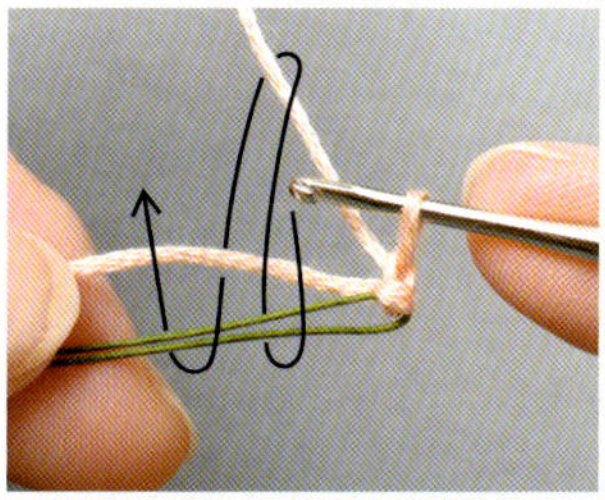

2 钩织完1针锁针后，将钩织起点的线紧贴铁丝，如箭头所示挂线，钩织短针。

3 钩织好1针的样子（图a）。钩织好几针的样子（图b）。

4 钩织好15针的样子。

5 翻转织片，编织1针起立针，如箭头所示挑起短针的后面半针（图a）。钩织好1针短针（图b）。

6 按照编织图钩织好几针的样子（图a）。钩织至顶端后，钩织3针锁针，按照编织图继续钩织下去（图b）。

7 另一侧钩织至中途的样子。

8 叶子钩织好了。

流苏的连接方法 （此处用p.26春飞蓬进行说明）

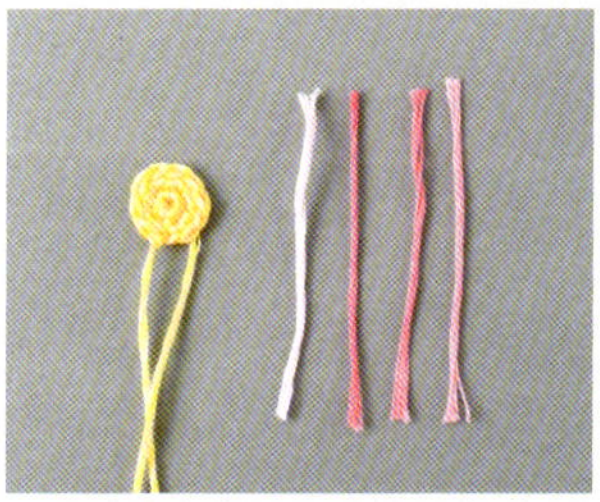

1 准备钩织好的花芯的底座和剪成5cm的刺绣线。

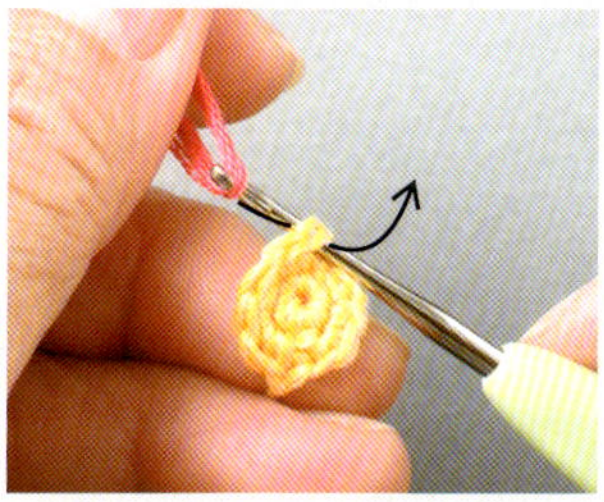

2 在织片上入针，将刺绣线对折后挂在针上，如箭头所示将线拉出。

3 针上挂线，如箭头所示将线拉出（图a）。流苏的一束线就连接好了（图b）。

4 所有的线全部连接好后，剪至0.5cm。

花芯的制作方法 （此处用p.25梅花进行说明）

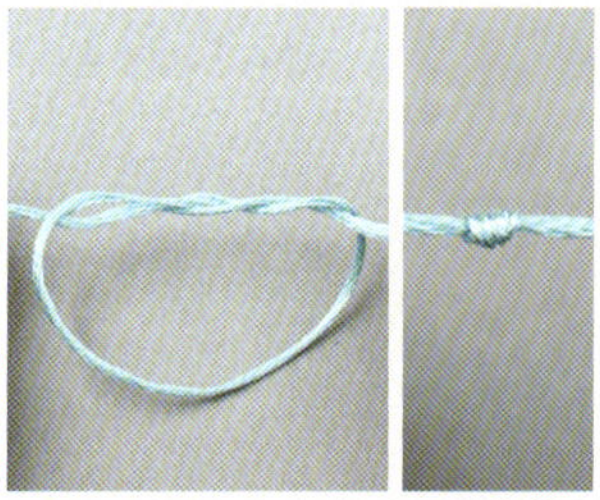

1 参考图示，把线的两端交叉在一起绕线2次，拉紧后就打成了一个结。

2 参考图示，把线的两端再次交叉绕线，拉紧后再打1次结。

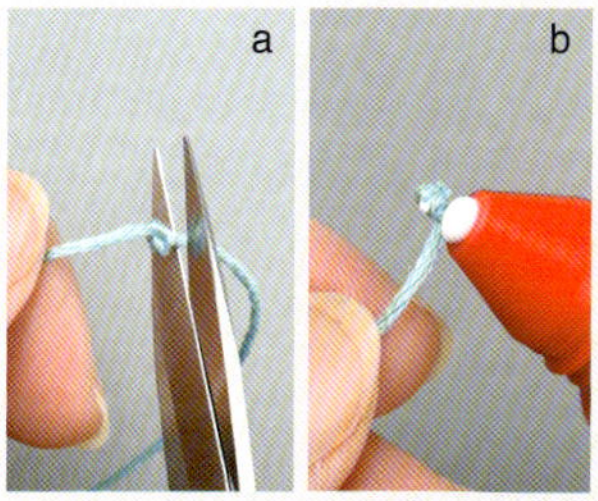

3 在线结的根部用剪刀剪断线（图a），在结的整体上涂抹胶水进行固定（图b）。

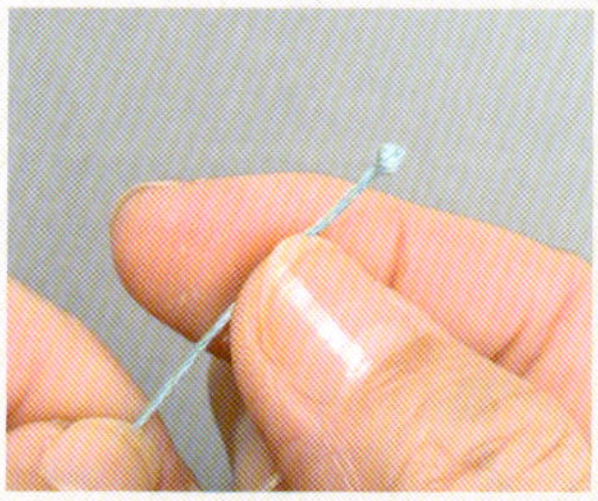

4 用手指捻线，将胶水涂抹在线上。

挑起前面半针和后面半针的方法

挑起前面半针时

1 如箭头所示，挑起前面半针的1根线钩织。

2 挑起前面半针，钩织好1行的样子。左图为从正面看的样子，右图为从背面看的样子。没有挑起的后面半针露在外面。

挑起余下的后面半针时

1 将在前面半针上钩织后的织片向前面放倒，如箭头所示，挑起余下的后面半针的1根线钩织。

2 挑起余下的后面半针，钩织好几针的样子。织片分成了后面和前面两部分。

挑起后面半针时

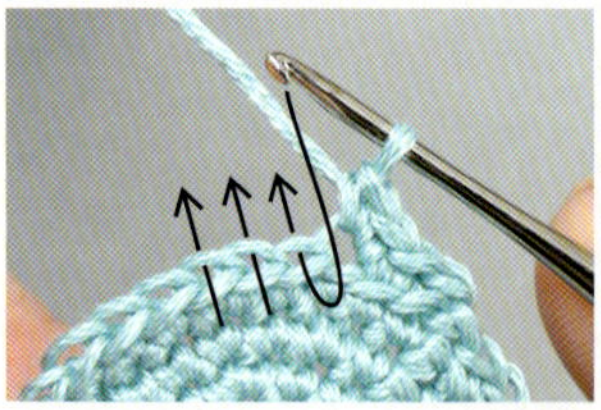

1 如箭头所示，挑起后面半针的1根线钩织。

2 挑起后面半针，钩织好1行的样子。没有挑起的前面半针留了下来。

挑起余下的前面半针时

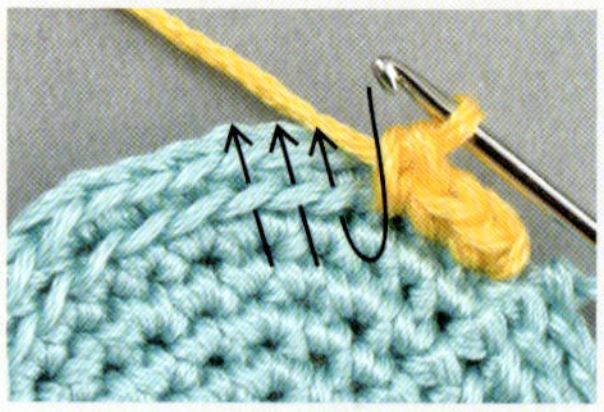

1 挑起余下的前面半针的1根线钩织。

2 挑起余下的前面半针，钩织好几针的样子。织片分成了后面和前面两部分。

制作要点

各作品制作时的要点部分

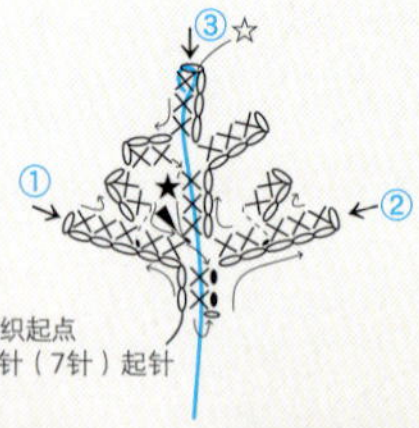

法兰绒花 **叶子的钩织方法** 成品图 -- p.9 制作方法 -- p.43

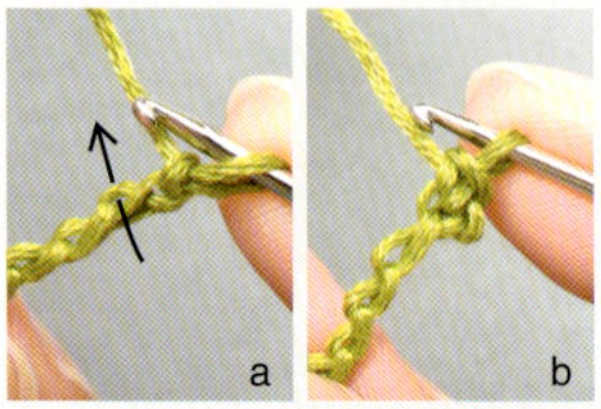

1 钩织包括起立针在内的8针锁针，如箭头所示挑起里山（图a），钩织3针短针。图b所示是钩织好1针短针的样子。钩织好3针短针后，钩织包括起立针在内的3针锁针，在里山上钩织2针短针。

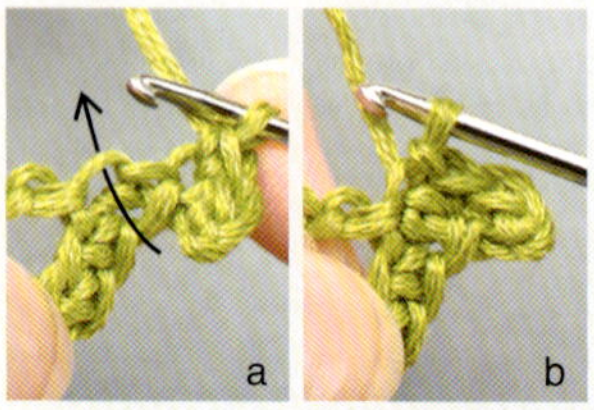

2 钩织好2针短针后，在箭头的位置（图a）钩织引拔针。图b所示为引拔针钩织好了。

3 继续按照编织图，在锁针的里山上入针，钩织2针短针。

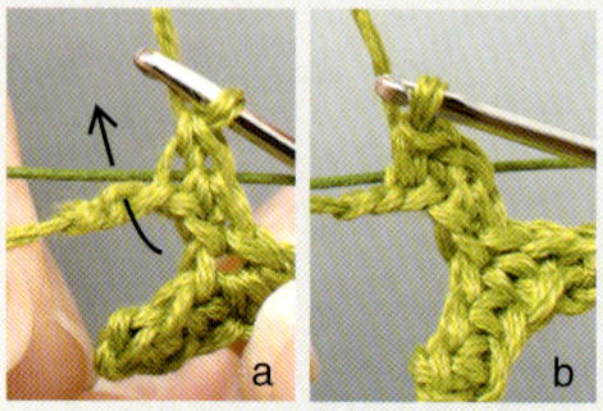

4 钩织接下来的2针短针时，需一边包住铁丝一边钩织（图a）。图b所示为钩织好1针短针的样子。

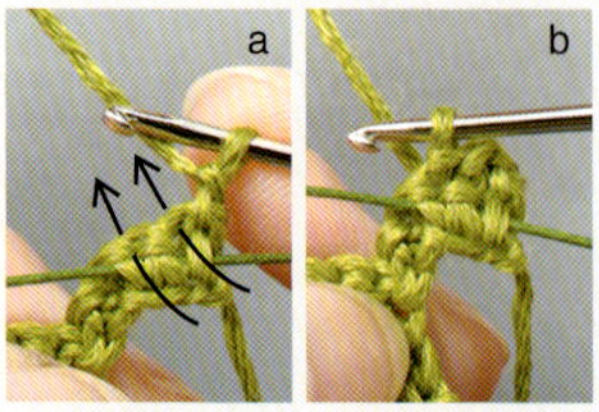

5 一边包住铁丝一边钩织好2针短针后，将织片翻至背面，钩1针锁针做起立针，再在箭头的位置钩织2针引拔针（图a）。图b所示为钩织好2针引拔针的样子。

6 图解上☆的部分不用包住铁丝，按照编织图钩织后，按照与步骤4相同的方法，加入铁丝后挑起锁针的里山（图a），准备钩织3针短针。图b所示为钩织好1针的样子。

7 再次按照钩织图钩织，用相同的方法一边加入铁丝，一边挑起锁针的里山钩织★部分的3针短针（图a）。图b所示为入针后的样子。

8 按照编织图钩织，叶子钩织完成。

三色堇 **花朵的钩织方法** 成品图 -- p.10 制作方法 -- p. 46

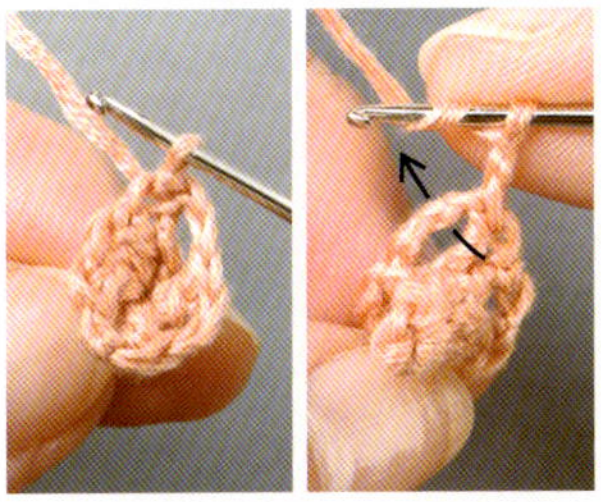

1 第2行钩织好后，将织片翻至背面，继续钩织第3行。

2 第3行钩织好的样子。

3 第4行需再次将织片翻至正面，继续按照钩织图钩织下去。

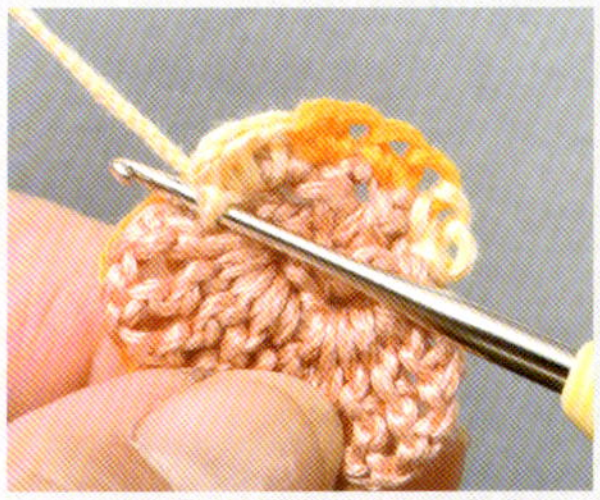

4 一边加入配色线一边钩织，第4行钩织好了。

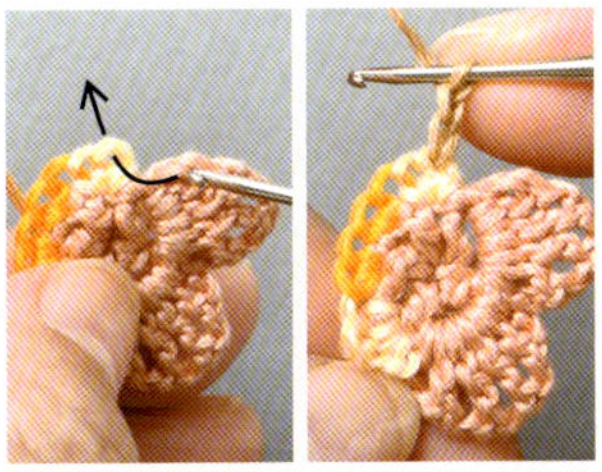

5 第5行需在第4行的第1针的短针上入针，按照钩织图钩织。

6 第5行钩织好的样子。

7 第6行也按照编织图钩织好的样子。

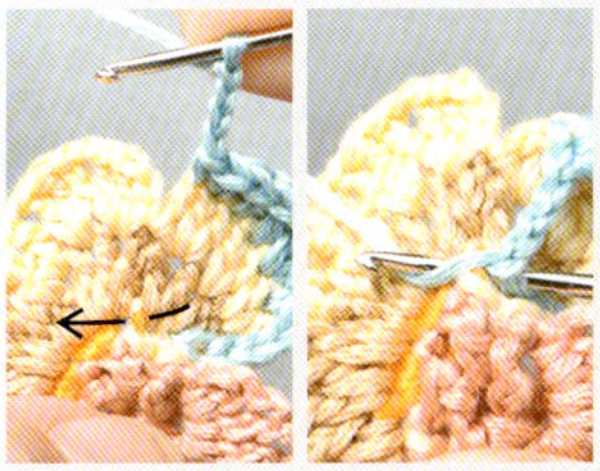

8 第7行的短针需挑起第4行的短针的头部钩织。

毛边郁金香 **花朵的钩织方法** 成品图 -- p.28 制作方法 -- p. 70

1 钩织至花瓣的第3行后，将织片翻至背面，继续钩织第4行。

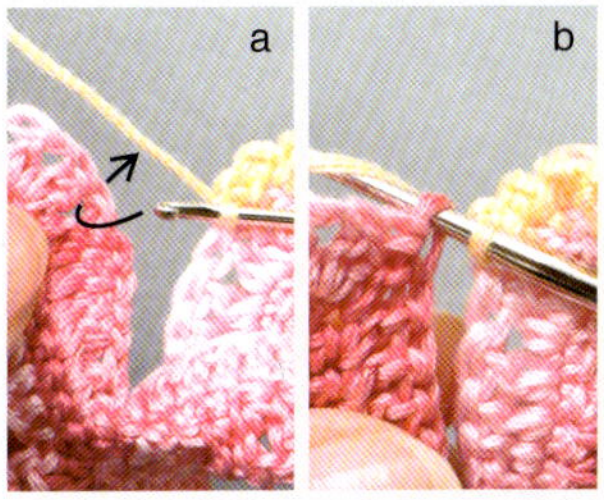

2 第5行需参考步骤 1 的照片，按照花瓣a-1、a-2、a-3的顺序钩织。按照编织图，钩织好a-1的第5行后，在a-2的指定位置如箭头所示入针（图a），钩织引拔针。入针后的样子如图b所示。

3 花瓣的a-1和a-2连接好的样子。

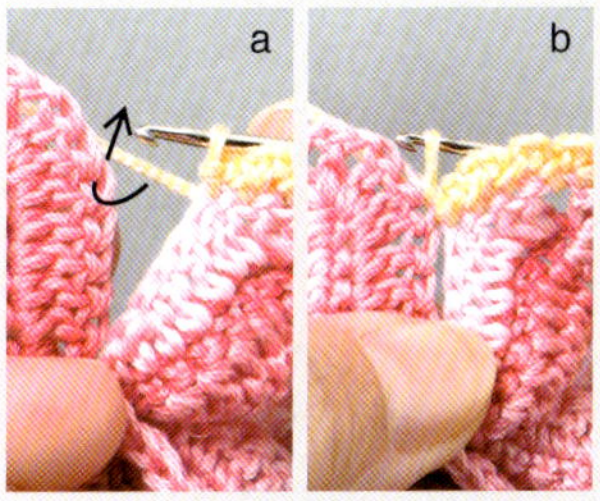

4 a-2也按照编织图钩织好后，按照与步骤 2 相同的方法如（图a）箭头所示入针，钩织引拔针。引拔后，a-2与a-3接好的样子如图b所示。

5 花瓣a-1、a-2、a-3的第5行钩织好的样子。

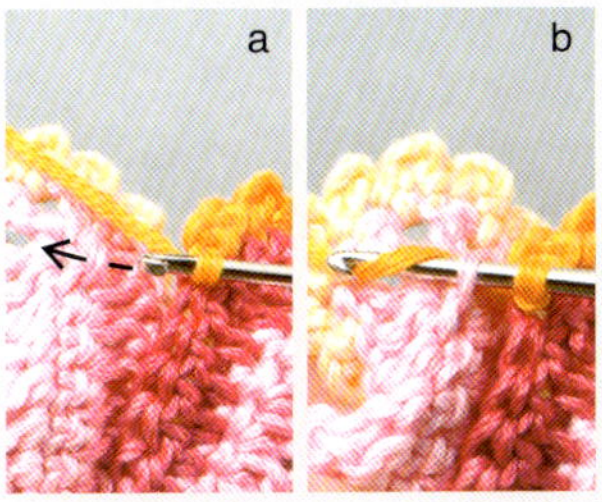

6 然后，按照编织图继续钩织花瓣b-1，钩织至指定位置后，在花瓣a-2的第3行的8针短针上如图a中箭头所示入针，引拔（图b）。

7 花瓣b-1连接在花瓣a-2上的样子。（花瓣a-1和b-1的一处已经连接在了一起。）

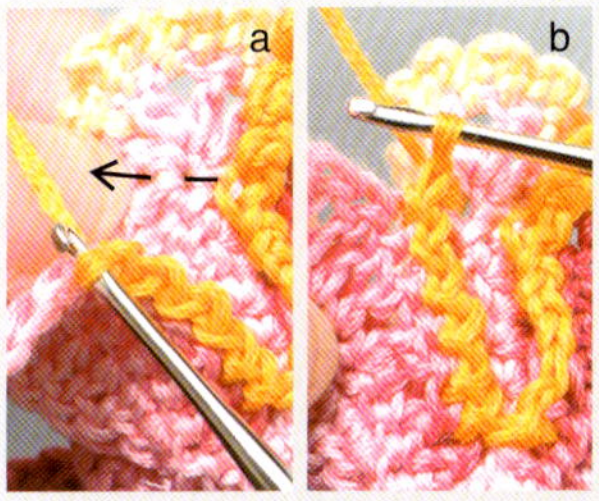

8 按照编织图继续钩织，钩织至花瓣b-2的指定位置后，在花瓣a-2的箭头位置入针（图a），引拔（图b）。

金鱼草 **花朵的钩织方法** 成品图 -- p.14 制作方法 -- p.51

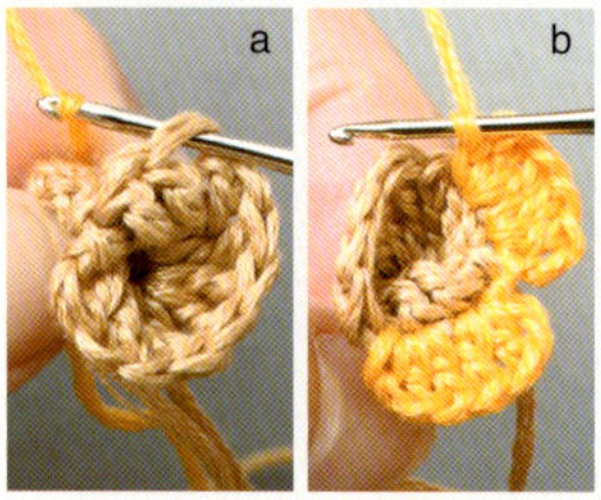

1 第2行钩织结束后，在指定位置的长长针的针目上加线，钩织第3行（图a）。第3行钩织好的样子如图b所示。

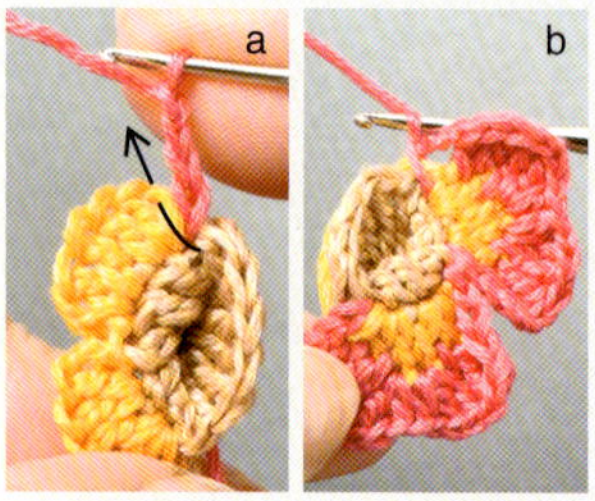

2 钩织好第3行后，第4行也在与步骤1相同的位置加线，按照编织图钩织（图a）。第4行钩织好的样子如图b所示。

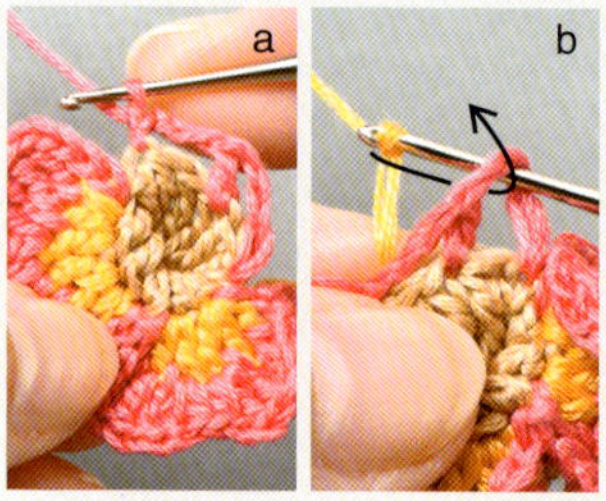

3 钩织第5行（图a），第6行需在箭头位置加线后继续钩织，如图b所示。

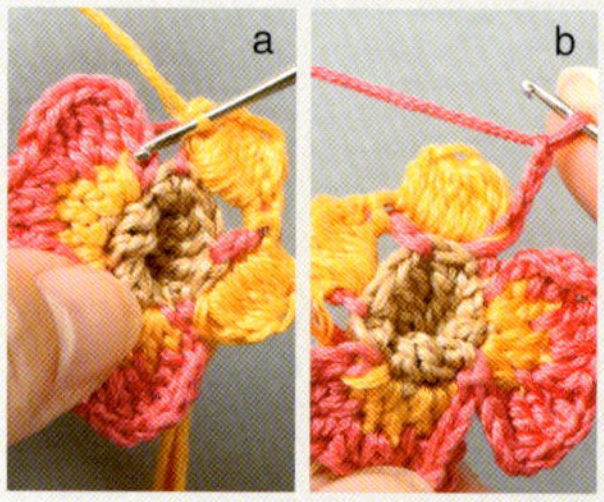

4 按照钩织图钩织第6行（图a），第7行也需在指定位置加线后继续钩织（图b）。

风铃草 **花朵的编织方法** 成品图 -- p.23 制作方法 -- p.62

1 钩织好1片花瓣后，将织片翻至背面，如箭头所示入针，钩织引拔针。

2 钩织好1针引拔针的样子如图a所示。钩织好6针引拔针的样子如图b所示。

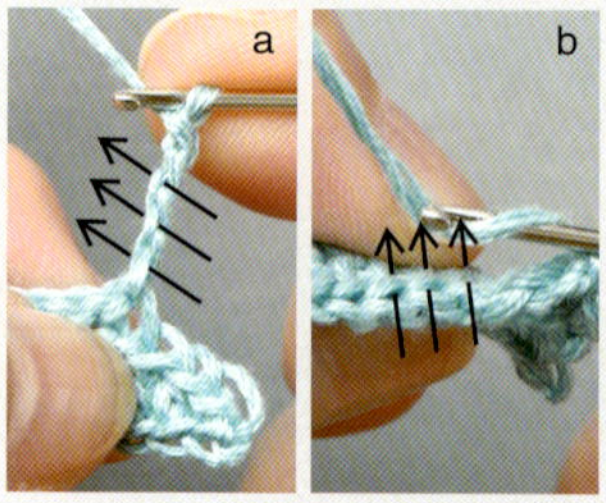

3 继续钩织4针锁针，一边挑起里山，一边各钩织1针短针、中长针、长针（图a）。各钩织好1针后，在步骤2的引拔的6针的后面半针上如图b箭头所示入针，继续钩织下去。

4 重复步骤1～3，6片钩织结束后，在内侧半针上如图a箭头所示入针，引拔。完成（图b）。

5 钩织至中途的样子。

6 继续按照编织图钩织，花朵钩织完成。

香豌豆 **花朵的钩织方法**

成品图 -- p.30 制作方法 -- p.72

1 钩织好第1行后，在图a所示箭头的位置引拔，钩织起立的2针锁针，继续钩织第2行（图b）。

2 钩织好第2行的18针长针后，钩织2针锁针，然后在图a箭头所示的位置引拔。引拔完成（图b）。

3 继续钩织2针锁针后，成束挑起第2行的起立的2针锁针，钩织短针。再用2针锁针做起立针，继续钩织第3行。

4 花b钩织完成。

5 将弯折铁丝后的花b穿入花a的中心。

6 将花a的下半部分向上折，调整形状。

彩鸾花

成品图 -- p.6

所需物品

【线】 25号刺绣线 / 绿色系（367）、紫色系（792）、绿色系（987）、紫色系（3746）…各1束，黄色系（19）、紫色系（791）…各0.5束

【针】 2号蕾丝针

【其他】 花艺铁丝＃26…3根、＃30…1根、胶水…适量

完成尺寸

参考编织图

萼片 987 3片

将钩织起点的线头保留30cm
将织片正面向内组合

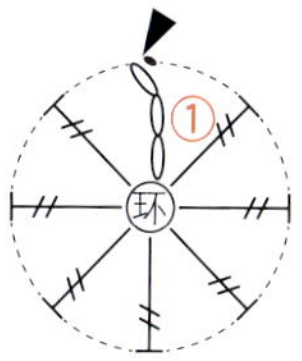

花瓣 A 2片 B 1片

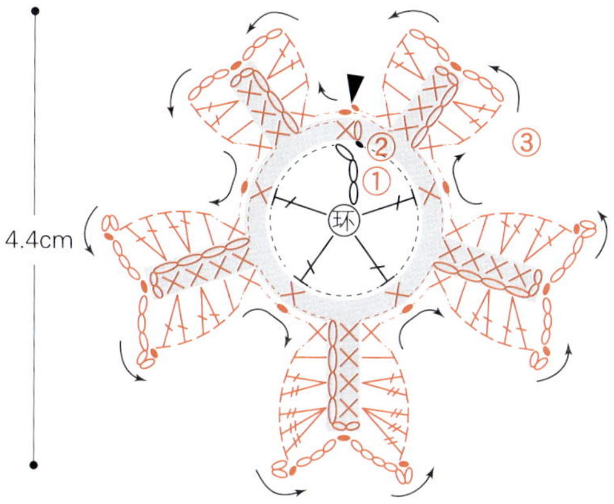

花瓣的配色表

	A	B
—	19	
—	3746	
—	792	791

花的组合方法 A 2片 B 1片

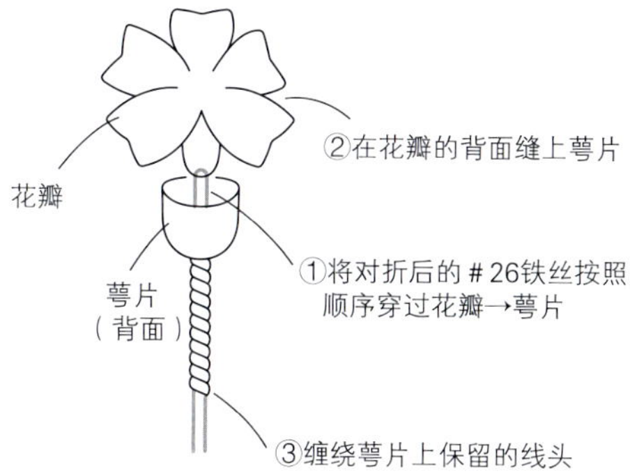

叶子 367 1片

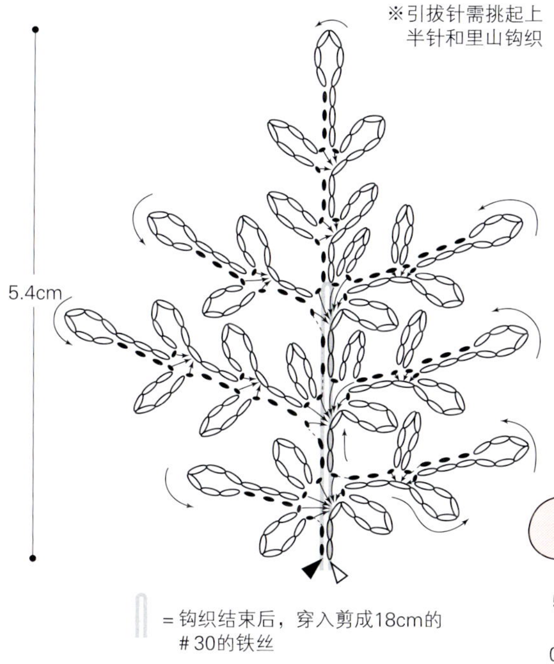

= 钩织结束后，穿入剪成18cm的＃30的铁丝

组装方法

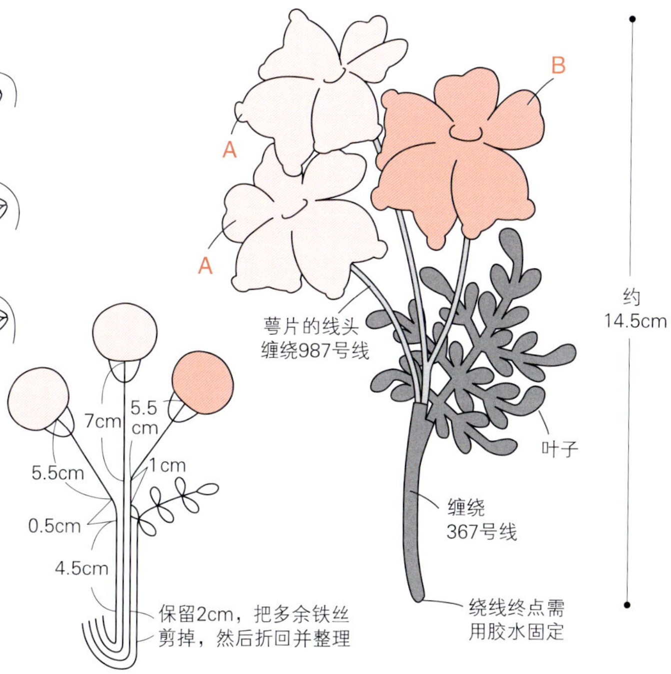

松红梅

成品图 -- p.7

成品图 -- p.7

所需物品

【线】 a、b通用 25号刺绣线 / 粉色系(600)…2.5束，绿色系(561)…2束、褐色系(841)…1.5束，深紫色系(154)…0.5束，淡粉色系(23)…少量

【针】 2号钩针

【其他】 a、b通用 花艺铁丝＃22…1根、＃24…2根，b胸针4.5cm金色…1根、胶水…适量

完成尺寸

参考编织图

花的组合方法(a、b通用)

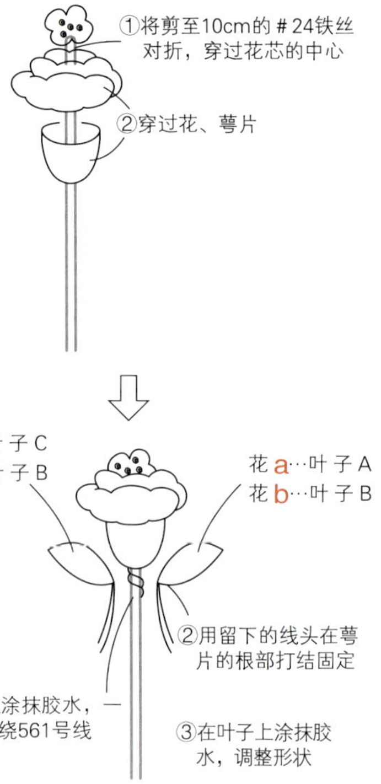

※将②和③正面相对对折后卷起来，缝合固定根部

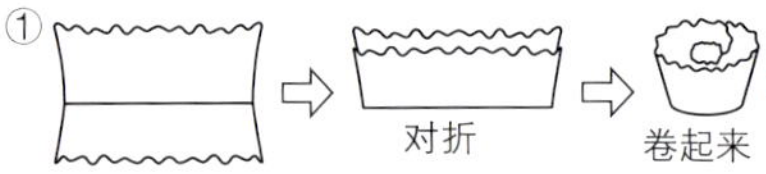

花(a、b通用)600 3片

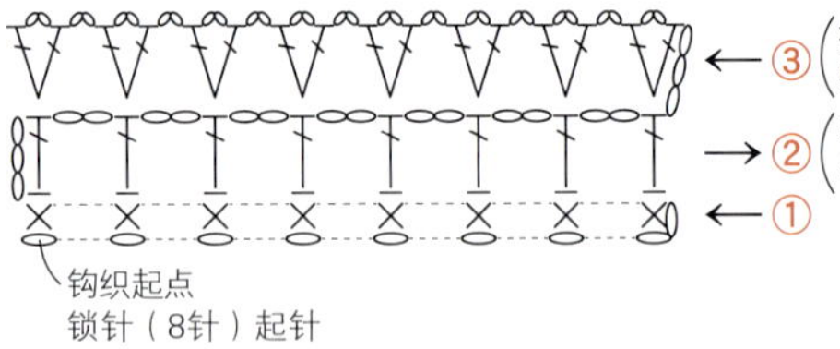

花苞的组合方法

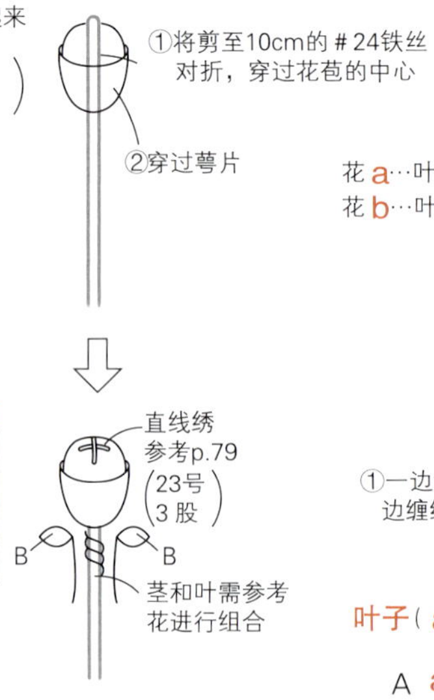

花芯

(a、b通用)154 3片

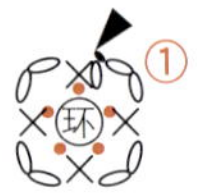

• =将3cm的600号线(3股)打结后刺绣

花的萼片(a、b通用)561 3片

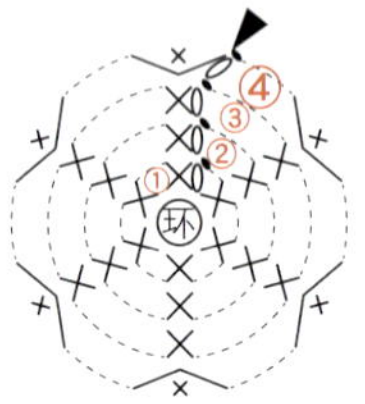

花的萼片的针目数

行数	针数	加减针
4	12	+6
3	6	
2	6	
1	6	

叶子(a、b通用)561

※在钩织起点和钩织终点都保留10cm的线头

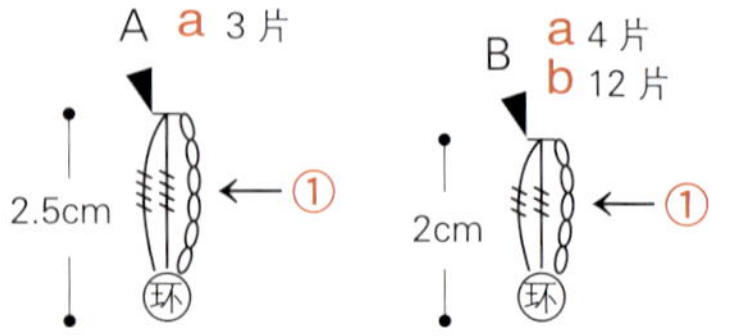

花苞(a、b通用)600 3片

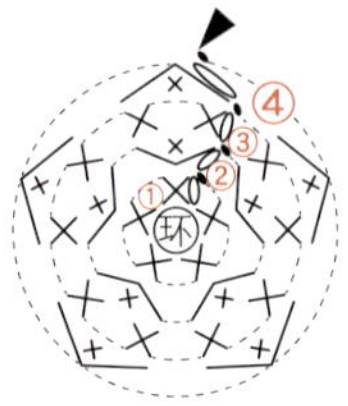

花苞的针目数

行数	针数	加减针
4	5	−5
3	10	
2	10	+5
1	5	

组装方法

a ※看着正面调整形状

b

侧视图

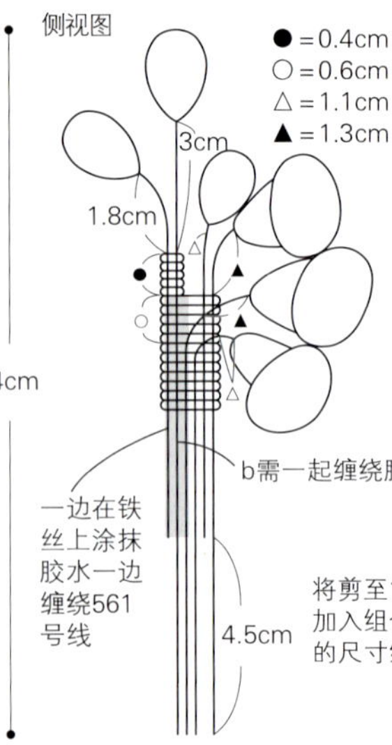

C a 3片

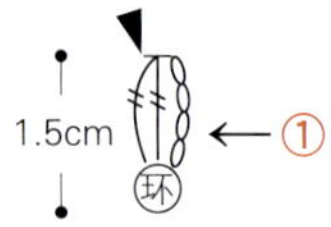

花苞的萼片(a、b通用)561 3片

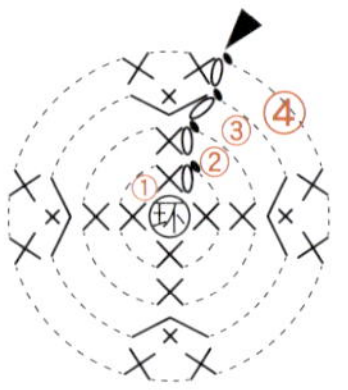

花苞的萼片的针目数

行数	针数	加减针
4	8	
3	8	+4
2	4	
1	4	

法兰绒花

成品图 -- p.9　制作要点 -- p.38

所需物品

【线】a'25 号刺绣线 / 黄绿色系（164）、褐色系（422）、米白色系（746）、绿色系（987）、黄绿色系（3348）、白色系（3865）…各0.5束

b'25 号刺绣线 / 黄绿色系（164）、米白色系（746）、黄绿色系（3348）、白色系（3865）…各0.5束

【针】0号钩针

【其他】a　花艺铁丝 # 20…2根、# 24…1根、胶水…适量

a'、b'　填充棉…适量

完成尺寸

参考编织图

花（a'、b'通用）

—— =3865　▬ =3348

— =164　X̲ =短针的条纹针

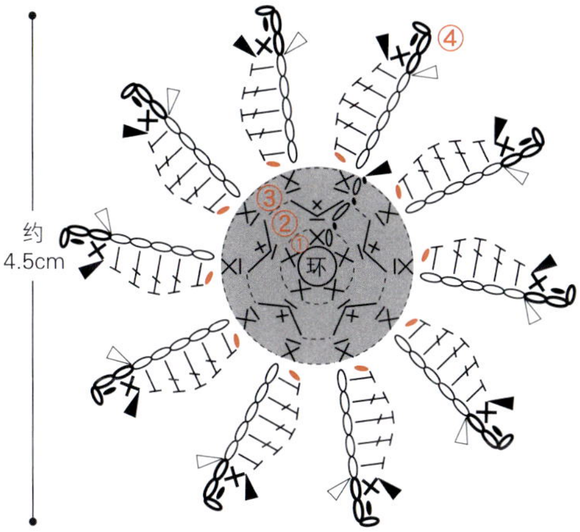

约
4.5cm
④
③
②
①
环

※第2行、第3行需分别挑起前一行的后面半针（参考p.38）

※●（第4行）需挑起前一行的前面半针（参考p.38）

萼片（a'、b'通用）3348

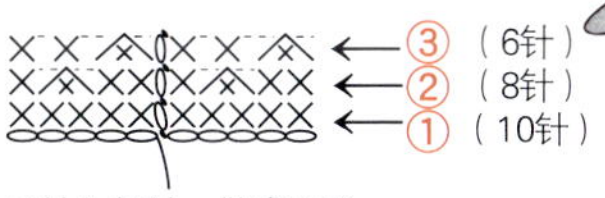

③（6针）
②（8针）
①（10针）

锁针（10针）起针，做成环形

花和萼片的组合方法（a'、b'通用）

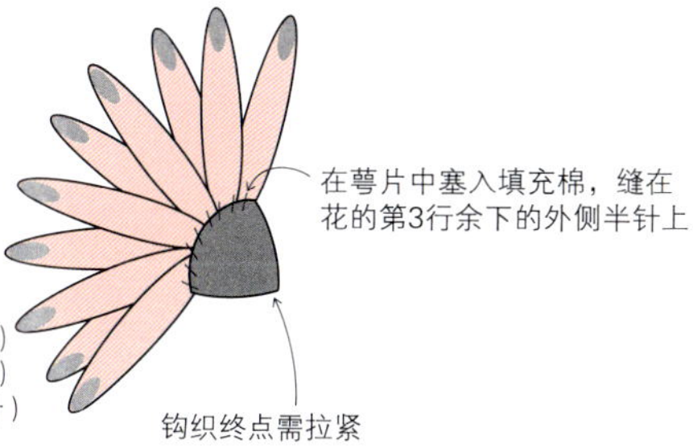

在萼片中塞入填充棉，缝在花的第3行余下的外侧半针上
钩织终点需拉紧

花芯（a'、b'通用）

3348号线3股 } 共6股
746号线3股

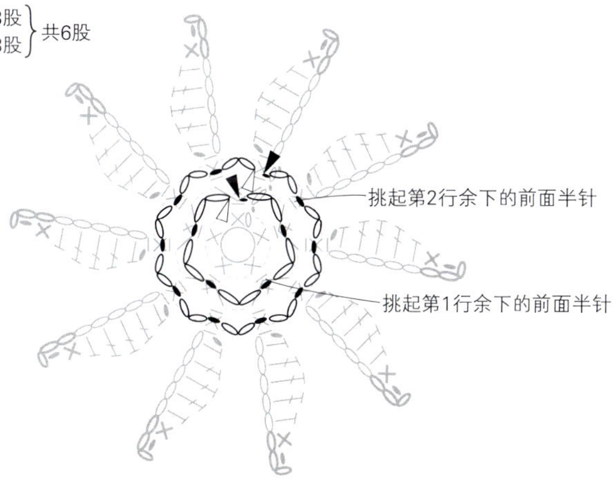

挑起第2行余下的前面半针
挑起第1行余下的前面半针

a'的组合方法

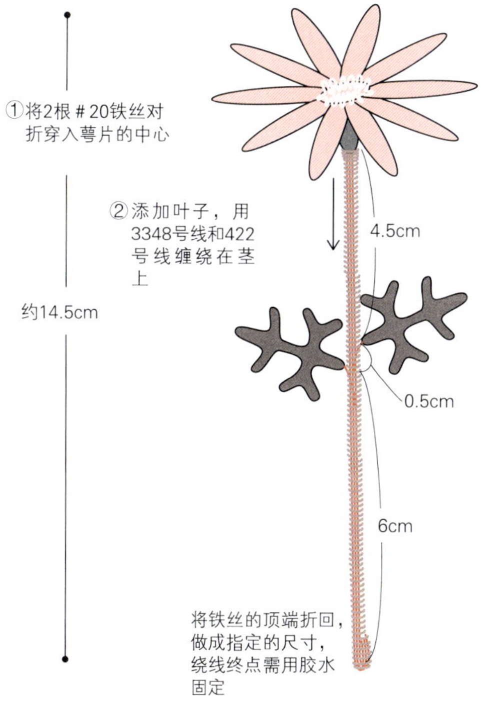

①将2根 # 20铁丝对折穿入萼片的中心
②添加叶子，用3348号线和422号线缠绕在茎上
约14.5cm
4.5cm
0.5cm
6cm
将铁丝的顶端折回，做成指定的尺寸，绕线终点需用胶水固定

a'叶子　987　2片　钩织方法参考p.38

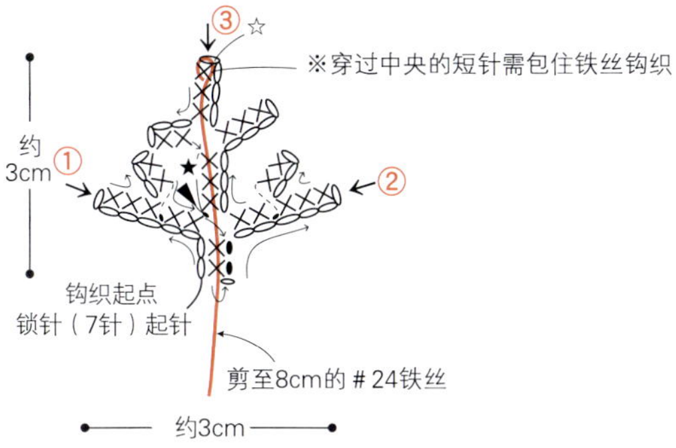

③☆
※穿过中央的短针需包住铁丝钩织
约
3cm
①
②
★
钩织起点
锁针（7针）起针
剪至8cm的 # 24铁丝
约3cm

玫瑰

成品图 -- p.8

所需物品

【线】 a　25号刺绣线 / 红色系(321)…4束,绿色系(367)(469)(3346)…各0.5束

b　25号刺绣线 / 红色系(321)…4束，绿色系(3346)…各0.5束

【针】 0号钩针

【其他】a　花艺铁丝＃20…2根、＃24…1根，胶水…适量

a、b　填充棉…适量

完成尺寸

参考编织图

花瓣(小)(a、b通用)

321　3片

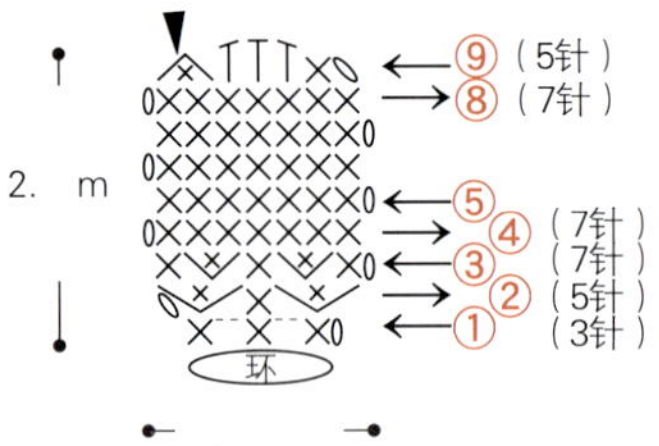

※花瓣需将正面作为外侧使用

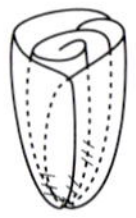

①将3片花瓣(小)按顺序卷起来，将根部用321号线(3股)缝合固定

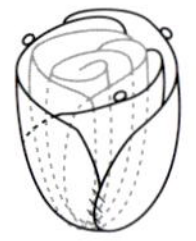

②将花瓣(中)卷在①的周围，将根部用321号线(3股)缝合固定

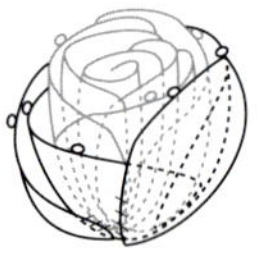

③将花瓣(大)卷在②的周围，将根部用321号线(3股)缝合固定

花瓣(中)(a、b通用)

321　3片

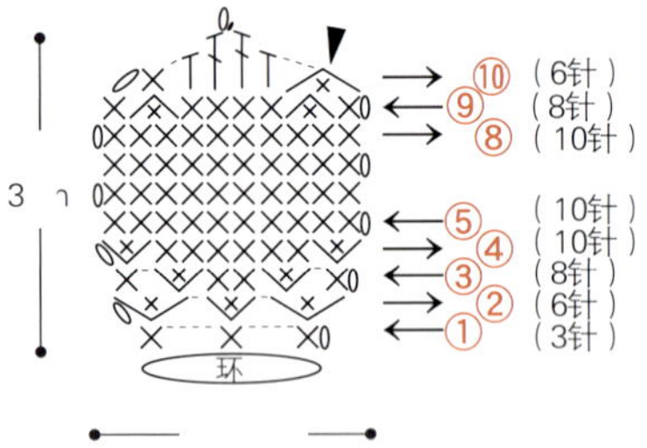

※花瓣需将正面作为外侧使用

萼片(a、b通用)

3346　1片

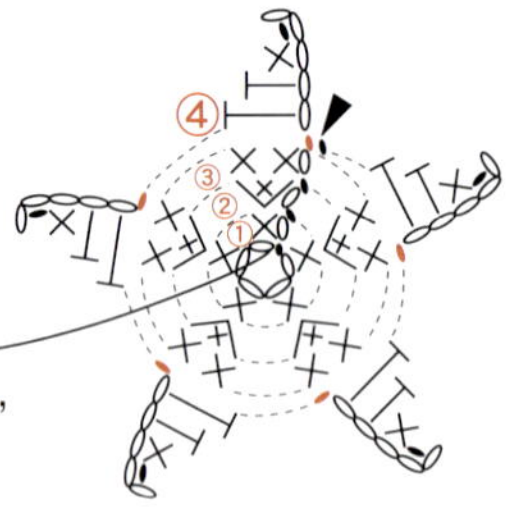

钩织起点
锁针(5针)，
做成环形

●(第4行)=挑起前一行(第3行)的后面半针

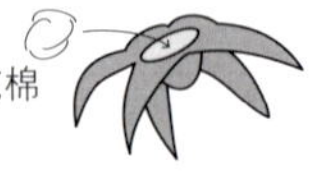

①塞入少量填充棉至萼片的第3行

花瓣(大)(a、b通用)

321　4片

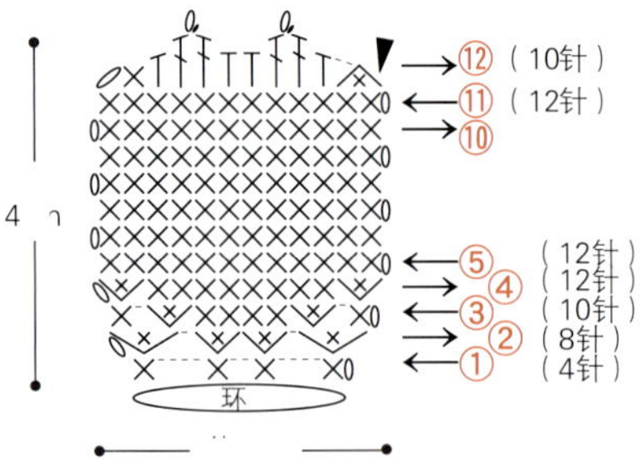

※花瓣需将正面作为外侧使用

b　花和萼片的组合方法

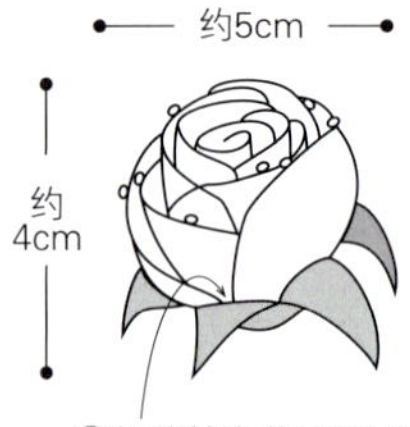

②将花缝在萼片第3行余下的半针上

a 叶子(小) 367 2片

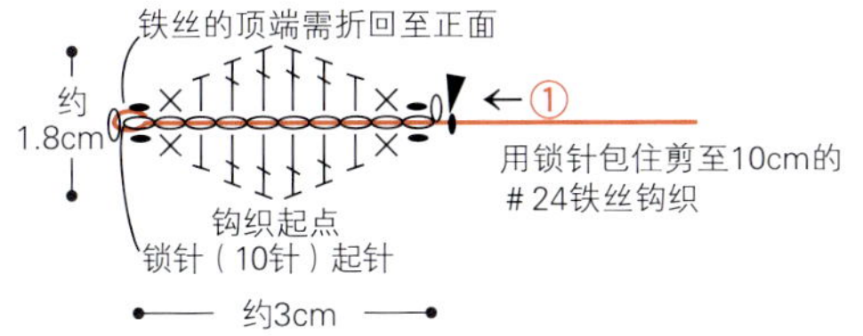

a 叶子(大)367 1片

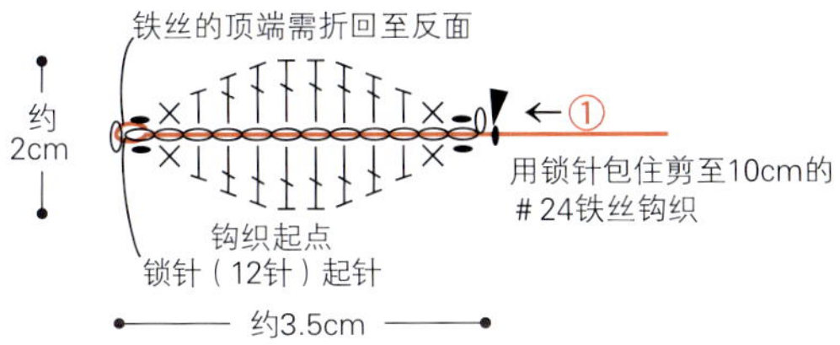

a 叶子的组合方法

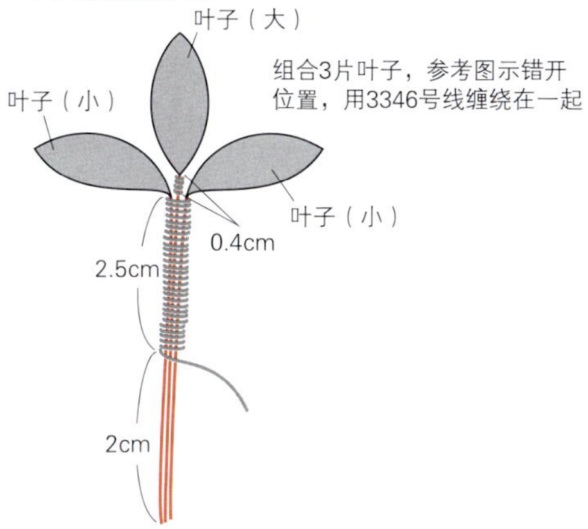

a 花和萼片的组合方法

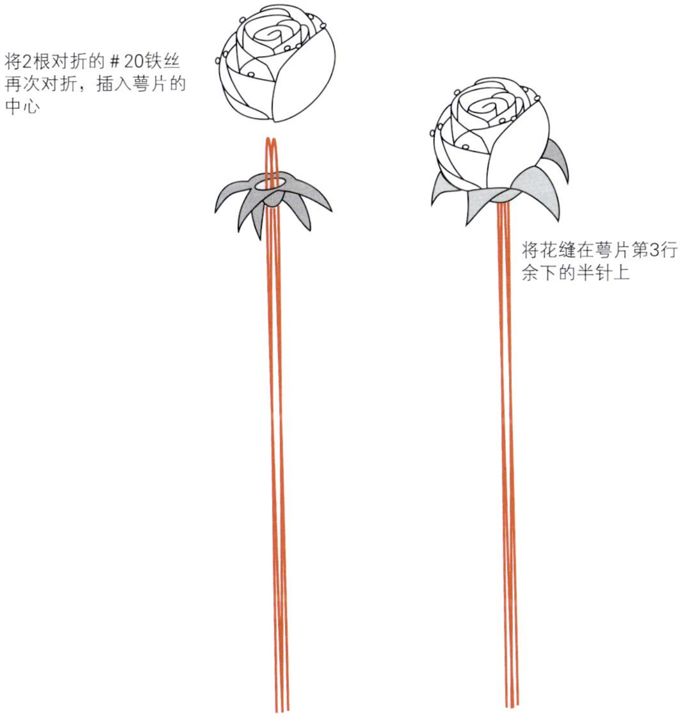

a 花和叶子的组合方法

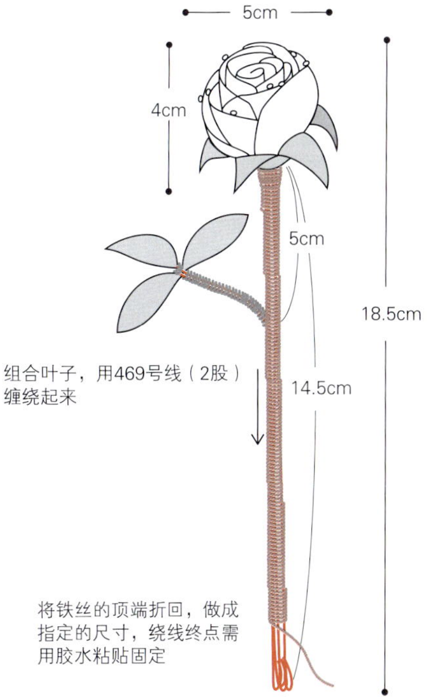

三色堇

成品图 -- p.10　制作要点 -- p.39

所需物品

【线】 a　25号刺绣线 / 黄色系（444）（445）、蓝色系（797）、雪青色系（823）、绿色系（987）（3345）、白色系（3865）…各0.5束

b　25号刺绣线 / 绿色系（987）…1束，黄色系（444）、粉色系（760）（3328）、雪青色系（823）、白色系（3865）…各0.5束

【针】 a　12号蕾丝针　b　8号蕾丝针

【其他】 a　花艺铁丝＃24…1根、＃33…2根，2mm珠子…1个

完成尺寸

参考编织图

花（a、b通用）　※a需将钩织起点的线头保留10cm左右

a为3股绣线

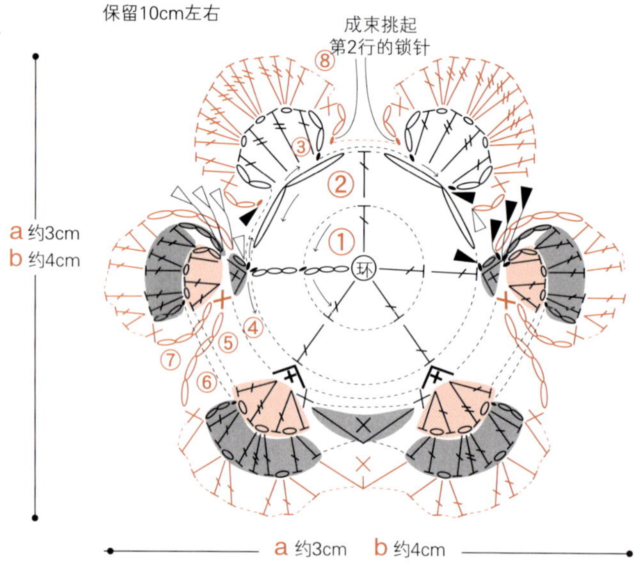

花的配色表

行数		a	b
7、8		797	3328
6		445	760
5		823	823
4	(短针)	445	3865
	(短针加针)	444	444
1～3		3865	3865

花的钩织方法（参考p.39）

※钩织好第1、2行后，翻转织片，钩织第3行。第4行以后再次翻转织片钩织

※第7行的×需在第4行的短针上钩织

a 叶子（小）　987　3股绣线　2片

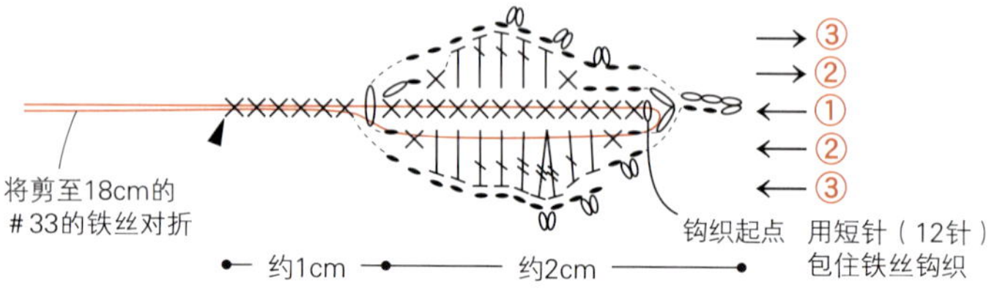

a 叶子（大）　3345　3股绣线　2片

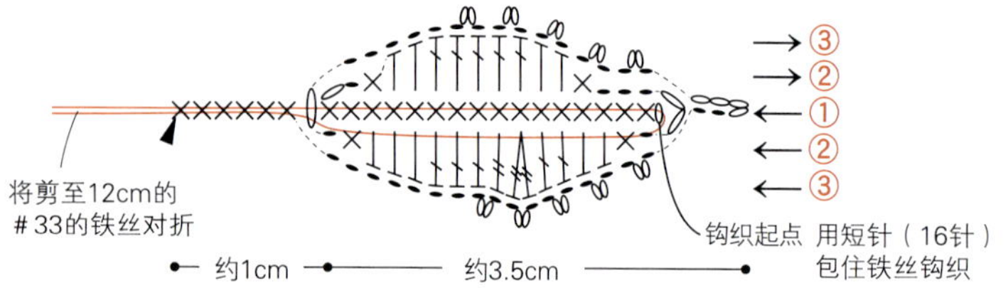

b 叶子　987

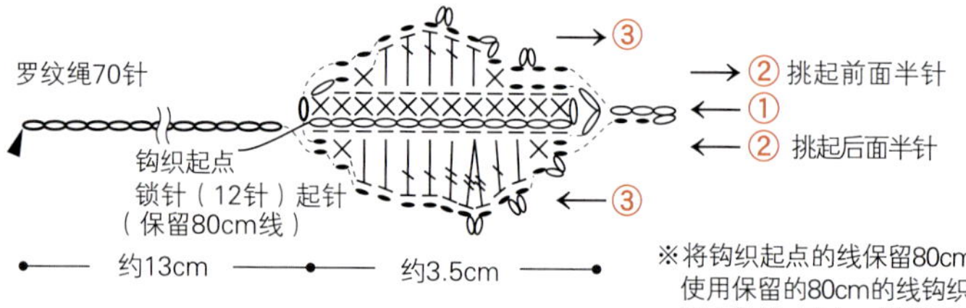

※将钩织起点的线保留80cm后钩织叶子，使用保留的80cm的线钩织70针的罗纹绳（参考p.79）。钩织终点的线不用剪断，保留备用

萼片（a、b通用） 987　a为3股绣线

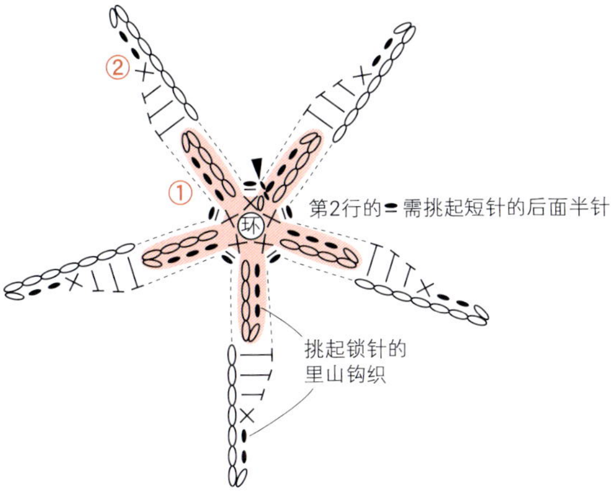

b 组装方法

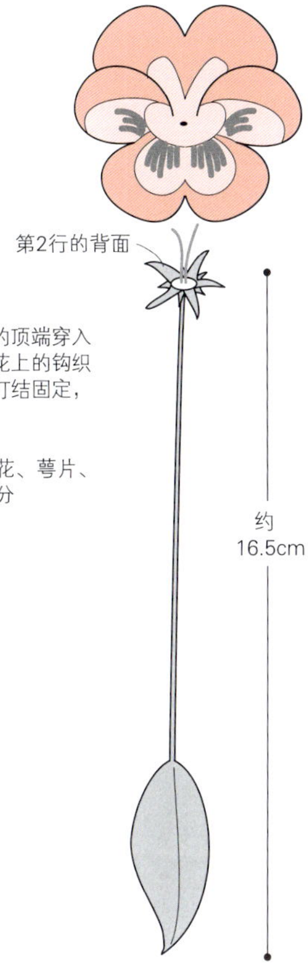

①将叶子的罗纹绳的顶端穿入萼片的环中，与花上的钩织起点保留的线头打结固定，处理线头

②用胶水粘贴固定花、萼片、罗纹绳的连接部分

a 组装方法

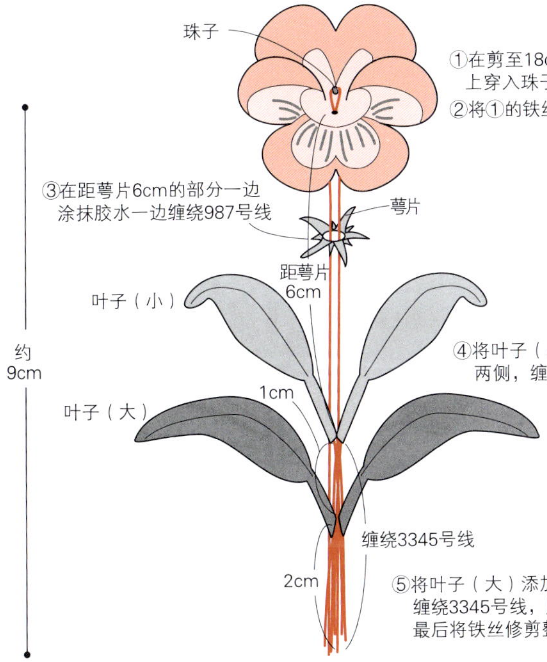

①在剪至18cm的＃24铁丝上穿入珠子后对折

②将①的铁丝穿入花的中心、萼片

③在距萼片6cm的部分一边涂抹胶水一边缠绕987号线

④将叶子（小）添加在左右两侧，缠绕3345号线

⑤将叶子（大）添加在左右两侧，缠绕3345号线，用胶水固定，最后将铁丝修剪整齐

提灯花

成品图 -- p.11

所需物品

【线】 25号刺绣线／橙色系(742)…2束，绿色系(895)、黄绿色系(988)…各1.5束
【针】 2号蕾丝针
【其他】 花艺铁丝＃26…4根、胶水…适量

完成尺寸

参考编织图

花芯 895 5个

※将线保留约20cm剪断

花瓣 742 5个

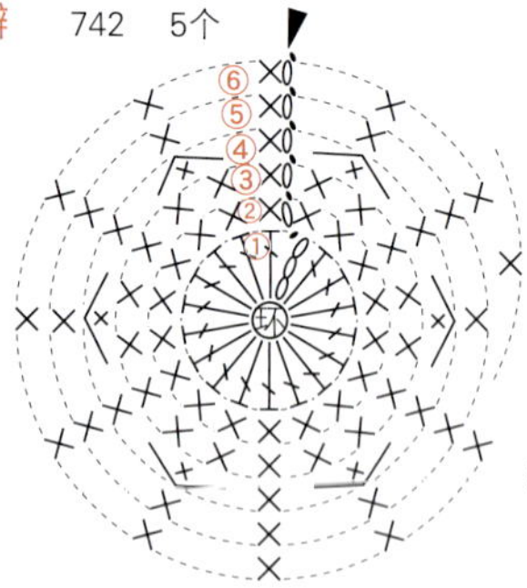

花瓣的针目数

行数	针数	加针
5、6	12	
4	12	-6
2、3	18	
1	18	

※钩织第1行的长针后逆向钩织，将长针的反面作为正面

花的组合方法

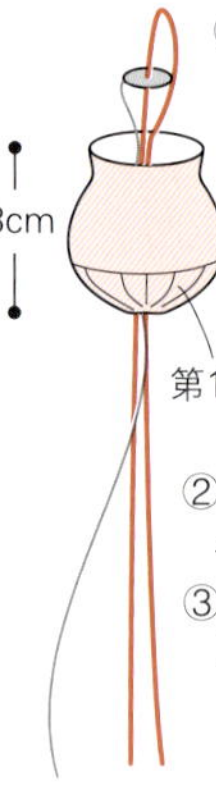

叶子(小) 988 2片 895 2片

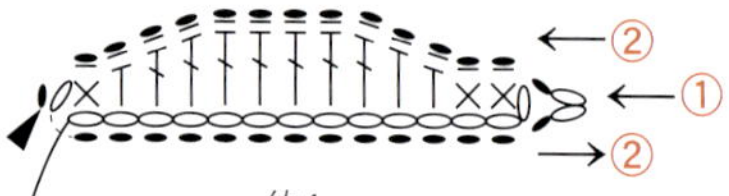

叶子(大) 988 3片

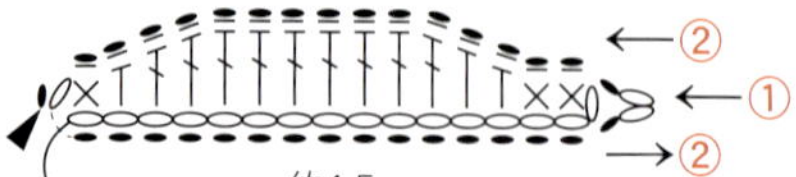

中心的叶子的组合方法

组装方法

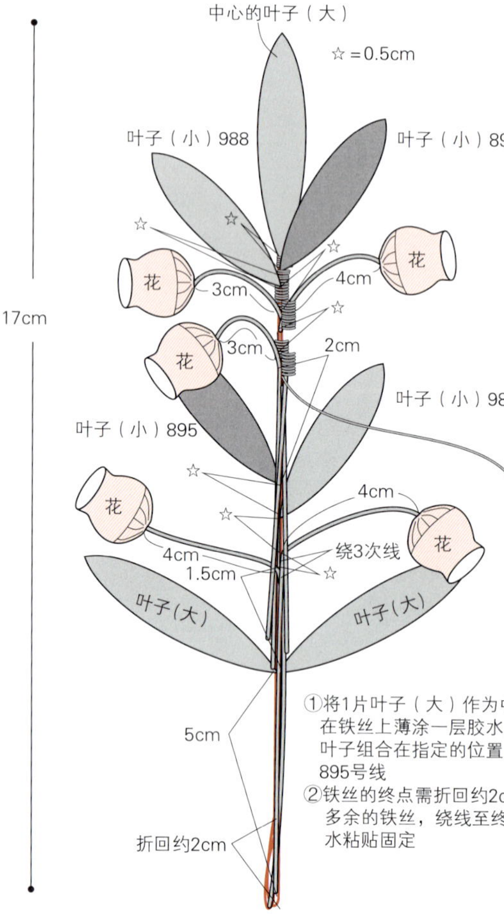

桔梗

成品图 -- p.12

所需物品

【线】 25号刺绣线 / 水蓝色系（341）、绿色系（520）…各1束，浅褐色系（437）、黄色系（727）、深蓝色系（791）…各0.5束

【针】 2号蕾丝针

【其他】 花艺铁丝＃24…1根、＃28…1根，胶水…适量

完成尺寸

参考编织图

花　341（主体、边缘编织也相同）

— = 边缘编织

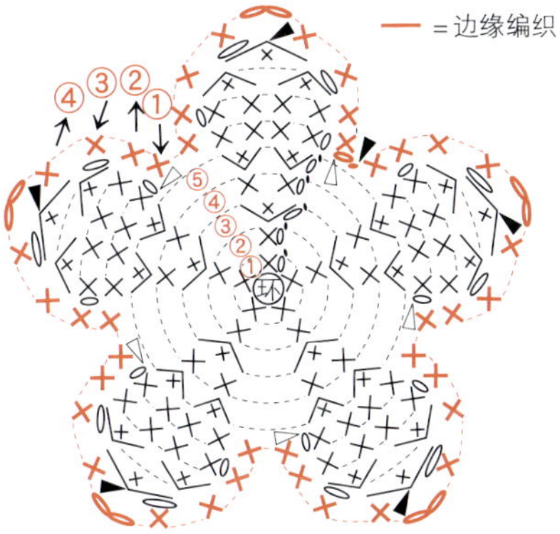

④③②①
⑤
④
③
②
①
环

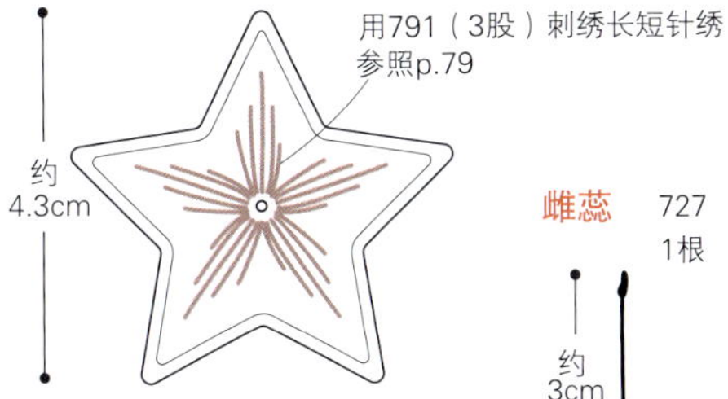

约4.3cm
用791（3股）刺绣长短针绣
参照p.79

萼片（大）520

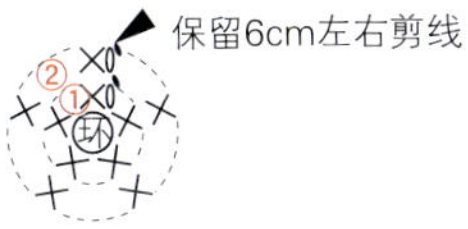

保留6cm左右剪线
②
①
环

雌蕊　727
1根

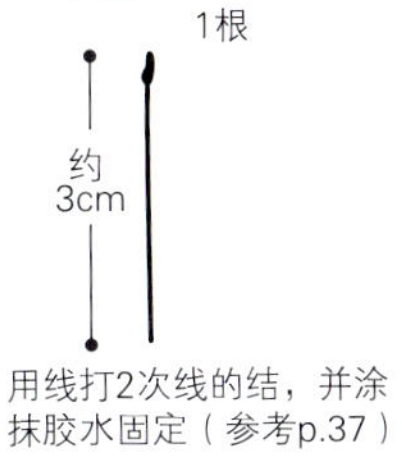

约3cm
用线打2次线的结，并涂抹胶水固定（参考p.37）

雄蕊　437（2股绣线）
4根

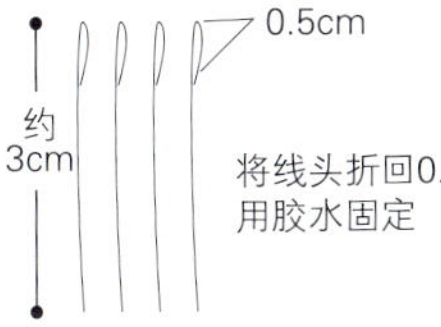

0.5cm
约3cm
将线头折回0.5cm，用胶水固定

在剪至12cm的＃24铁丝的顶端，用胶水粘贴雄蕊和雌蕊

花的组合方法

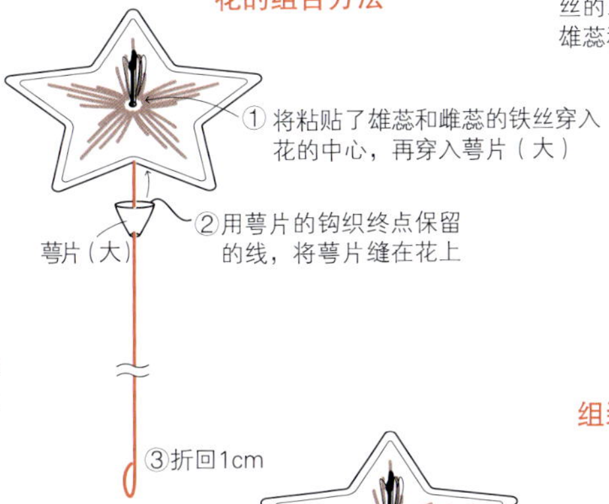

①将粘贴了雄蕊和雌蕊的铁丝穿入花的中心，再穿入萼片（大）
萼片（大）
②用萼片的钩织终点保留的线，将萼片缝在花上
③折回1cm

花苞　341

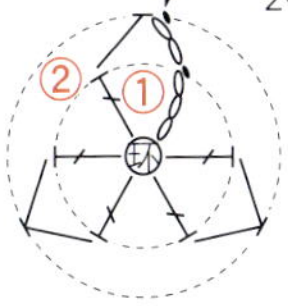

②
①
环

花苞的组合方法

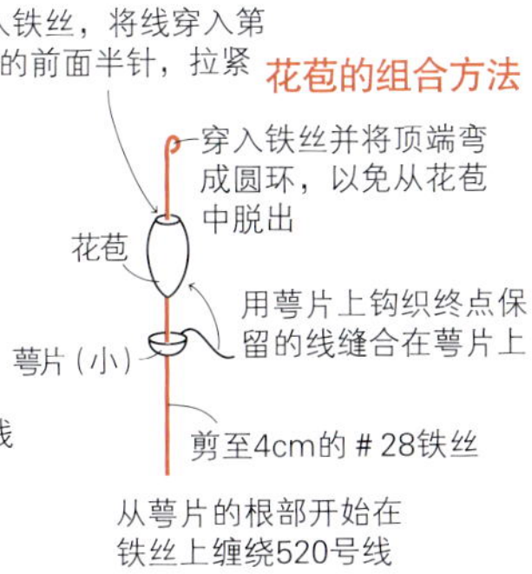

穿入铁丝，将线穿入第2行的前面半针，拉紧
穿入铁丝并将顶端弯成圆环，以免从花苞中脱出
花苞
用萼片上钩织终点保留的线缝合在萼片上
萼片（小）
剪至4cm的＃28铁丝
从萼片的根部开始在铁丝上缠绕520号线

萼片（小）520
保留6cm左右剪线

①
环

叶子（小）520　1片

将钩织终点的线保留5cm左右

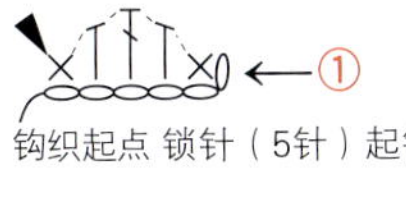

①
钩织起点 锁针（5针）起针

叶子（大）520　3片

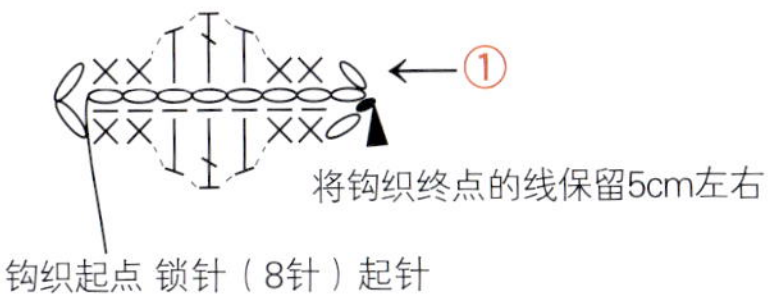

①
将钩织终点的线保留5cm左右
钩织起点 锁针（8针）起针

组装方法

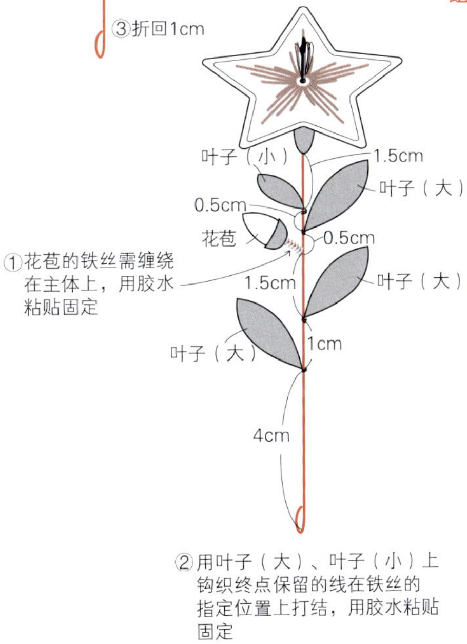

叶子（小）
1.5cm
叶子（大）
0.5cm
花苞
0.5cm
①花苞的铁丝需缠绕在主体上，用胶水粘贴固定
1.5cm
叶子（大）
叶子（大）
1cm
4cm
②用叶子（大）、叶子（小）上钩织终点保留的线在铁丝的指定位置上打结，用胶水粘贴固定

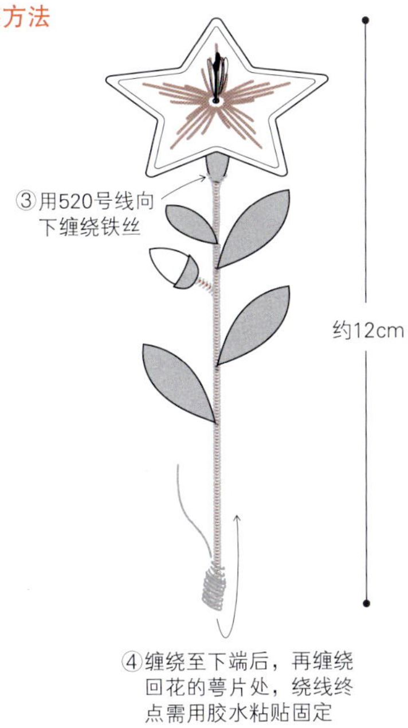

③用520号线向下缠绕铁丝
约12cm
④缠绕至下端后，再缠绕回花的萼片处，绕线终点需用胶水粘贴固定

夏雪片莲

成品图 -- p.13

所需物品

【线】 25号刺绣线 / 白色系（BLANC）、绿色系（905）…各1束，黄色系（18）、深绿色系（704）…各0.5束
【针】 0号蕾丝针
【其他】 花艺铁丝 # 22…2根、# 26…1根

完成尺寸

参考编织图

雌蕊 BLANC 3根

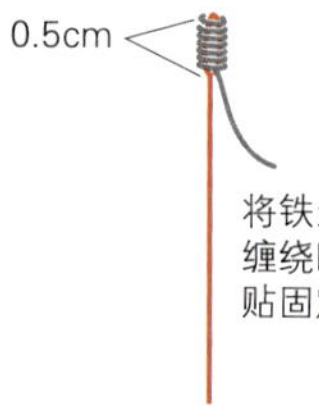

将铁丝的顶端弯折0.5cm、缠绕BLANC线，用胶水粘贴固定

剪至18cm的 # 22铁丝

雄蕊 18 18根

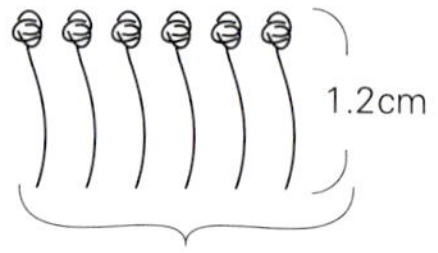

将18号线（2股）做成绕5次线的结，用胶水固定，每束花准备6根

雄蕊和雌蕊装配

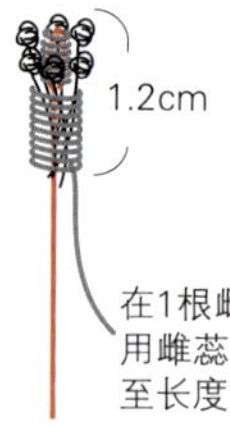

在1根雌蕊的周围组合6根雄蕊，用雌蕊上剩余的BLANC线缠绕至长度1.2cm，用胶水粘贴固定

花和萼片

3个

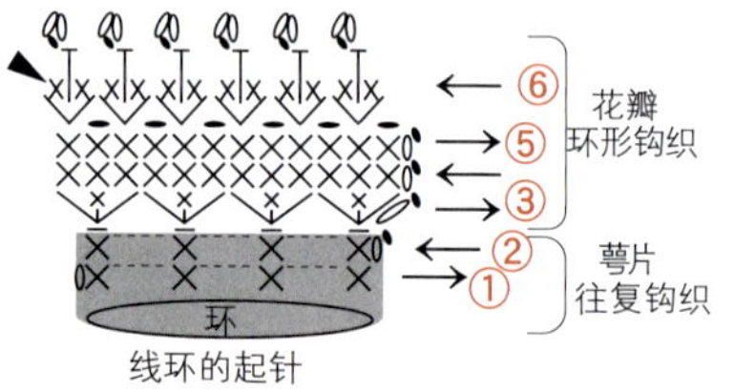

将◎和◎用卷针缝缝合，再接合◆，做成袋状

花的组合方法

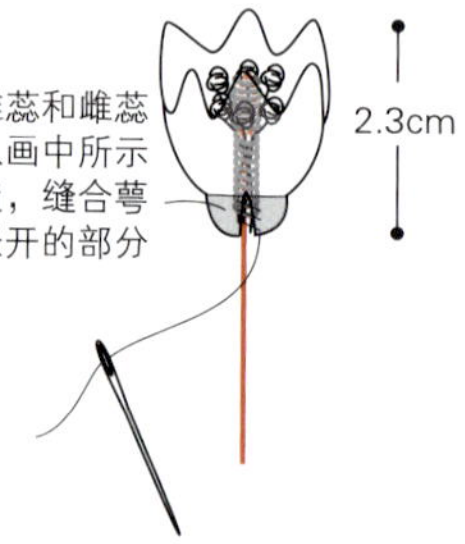

将雄蕊和雌蕊插入画中所示位置，缝合萼片张开的部分

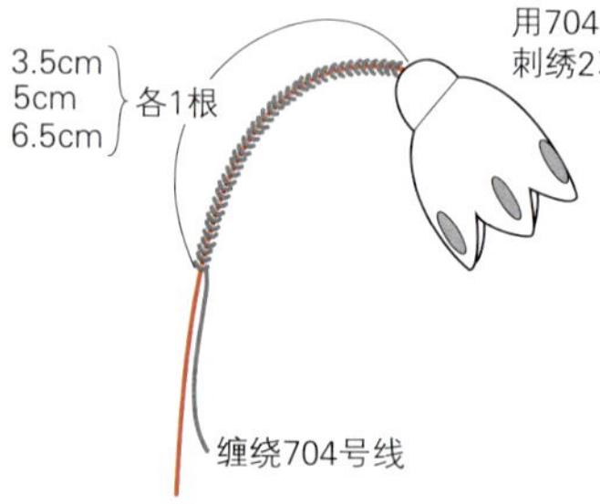

用704号线在第6行刺绣2次直线绣（参考p.79）

叶子（大） 905

※将最后一行的正面作为叶子的正面

①行用线包住铁丝钩织

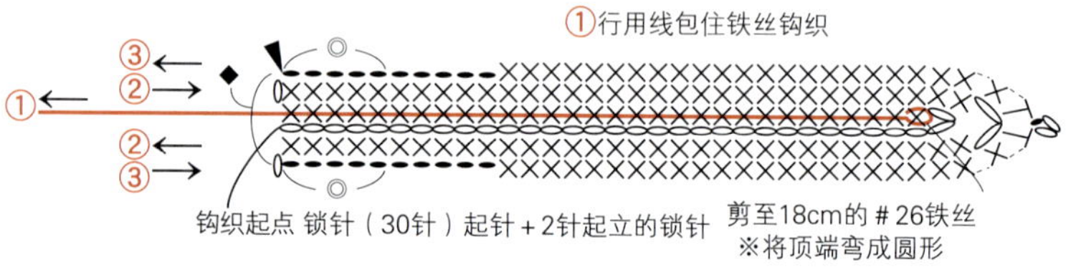

钩织起点 锁针（30针）起针＋2针起立的锁针

剪至18cm的 # 26铁丝
※将顶端弯成圆形

叶子（小） 704

※将最后一行的正面作为叶子的正面

① 行用线包住铁丝钩织

将☆和★用卷针缝缝合

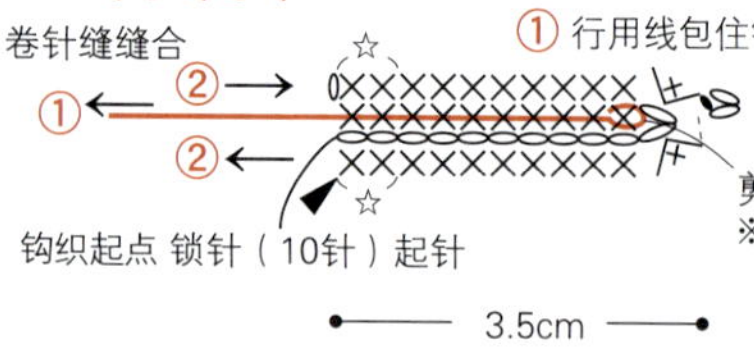

钩织起点 锁针（10针）起针

剪至18cm的 # 26铁丝
※将顶端弯成圆形

组装方法

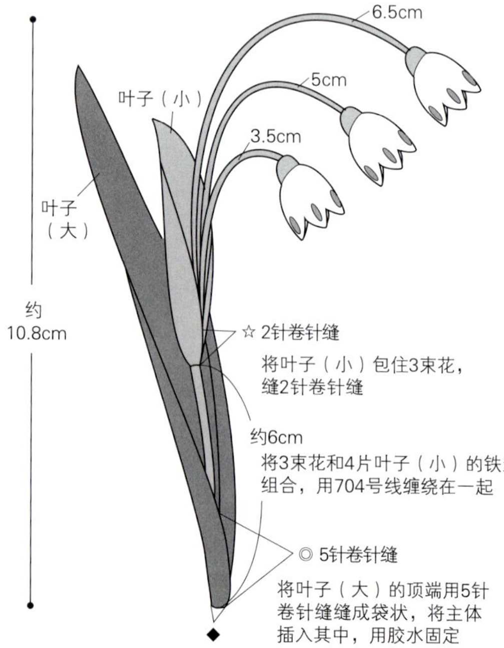

☆ 2针卷针缝
将叶子（小）包住3束花，缝2针卷针缝

约6cm
将3束花和4片叶子（小）的铁丝组合，用704号线缠绕在一起

◎ 5针卷针缝
将叶子（大）的顶端用5针卷针缝缝成袋状，将主体插入其中，用胶水固定

金鱼草

成品图 -- p.14　制作要点 -- p.40

所需物品

【线】 25号刺绣线 / 浅粉色系（754）、橙色系（3340）…各1束，白色系（BLANC）、绿色系（703）、黄色系（743）、黄色系（744）、钱橙色系（967）、绿色系（3347）…各0.5束

【针】 8号蕾丝针

【其他】 花艺铁丝＃33…12根、胶水…适量

完成尺寸

参考编织图

花A　（3股绣线）　2片

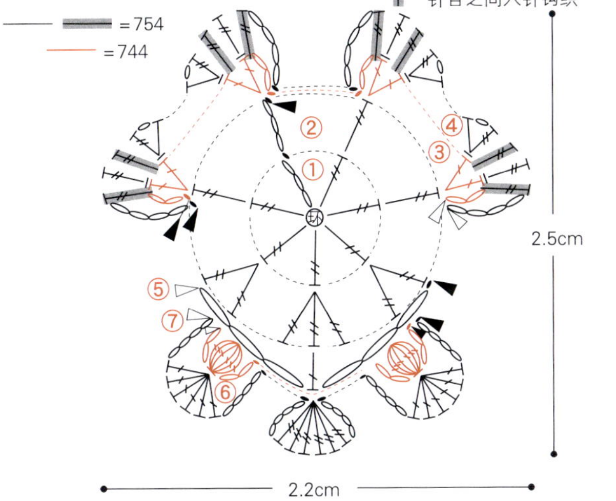

花B　（3股绣线）　2片

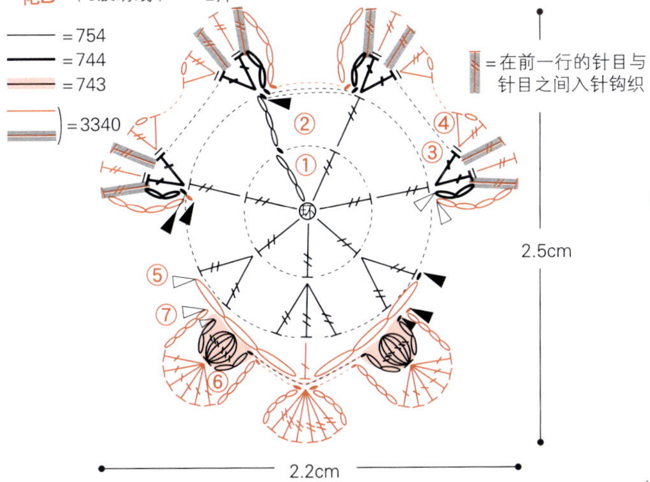

花苞A
（3股绣线）　703　3个

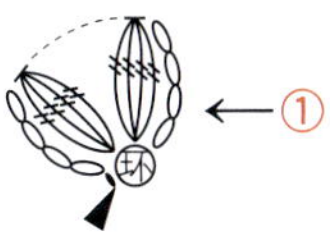

花苞A的组合方法

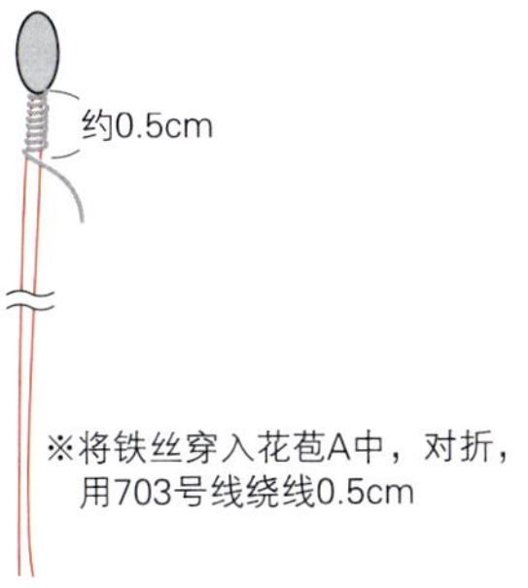

※将铁丝穿入花苞A中，对折，用703号线绕线0.5cm

花苞B　（3股绣线）　3个

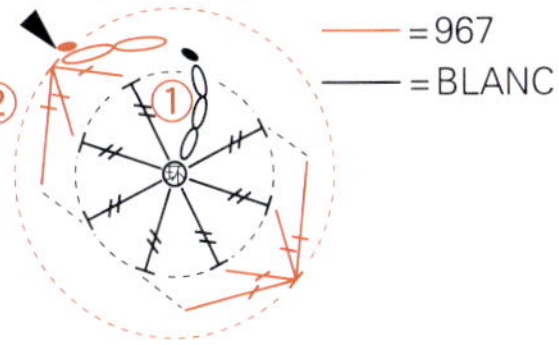

萼片　703（2股绣线）　3个

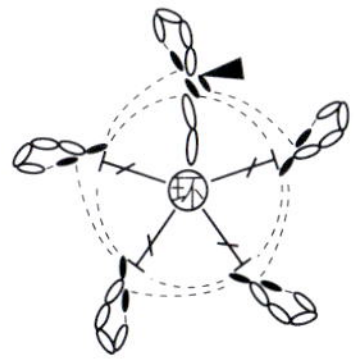

花苞B的组合方法

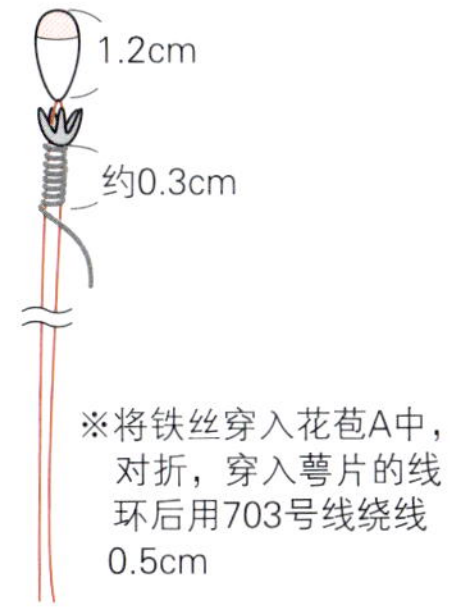

※将铁丝穿入花苞A中，对折，穿入萼片的线环后用703号线绕线0.5cm

花的组合方法

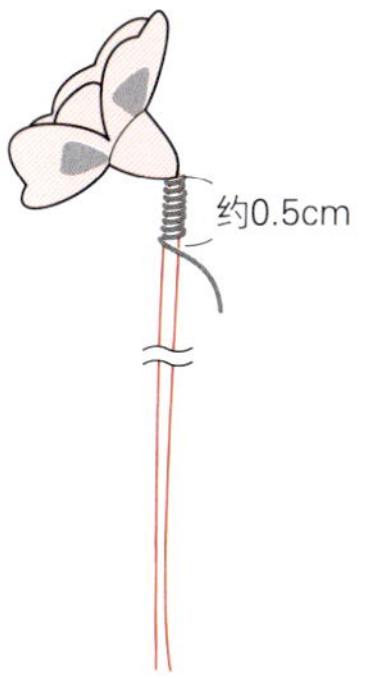

※将铁丝穿入花的第1行，对折，用3347号线缠绕0.5cm

组装方法

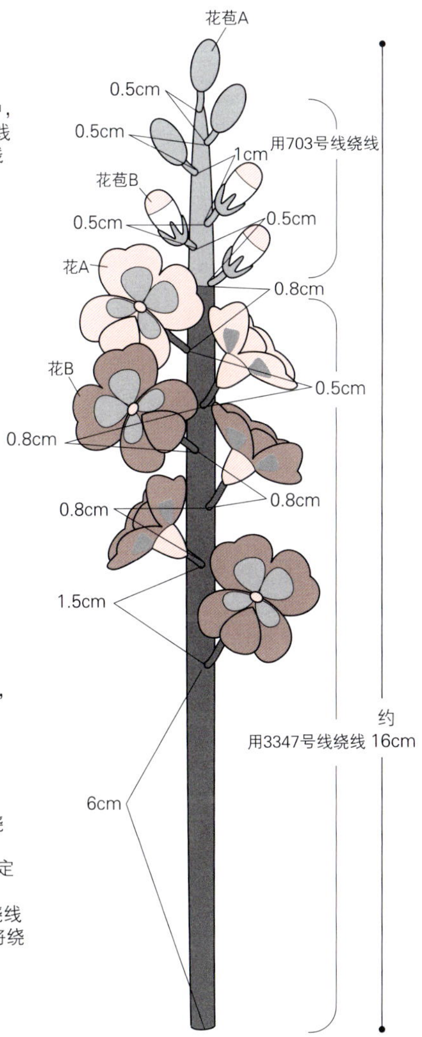

组装方法顺序

①用703号线将花苞A、花苞B缠绕固定在指定位置
②用3347号线将花A、花B缠绕固定在指定位置
③在最下面的花下方6cm的部分绕线后，将所有的铁丝修剪整齐，将绕线终点用胶水粘贴固定

圣诞玫瑰

成品图 -- p.15

所需物品

【线】 25号刺绣线 / 白色系（BLANC）、绿色系（470）…各1束，淡黄绿色系（10）、黄绿色系（16）、淡绿色系（733）…各0.5束

【针】 0号蕾丝针

【其他】 花艺铁丝＃24…2根、＃26…3根，手工用花蕊（黄色）…13根、填充棉…适量、胶水…适量

完成尺寸

参考编织图

花

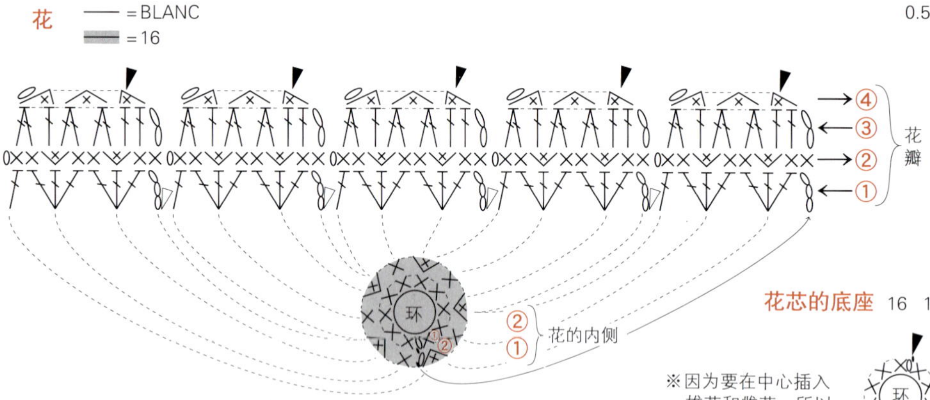

※将花的内侧作为正面进行组合

※因为要在花的中心插入雄蕊和雌蕊，所以起针的线环保持较松的状态即可

雄蕊和雌蕊

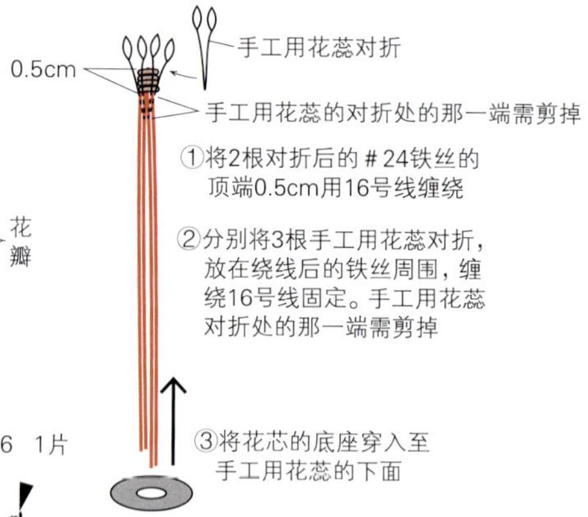

①将2根对折后的＃24铁丝的顶端0.5cm用16号线缠绕

②分别将3根手工用花蕊对折，放在绕线后的铁丝周围，缠绕16号线固定。手工用花蕊对折处的那一端需剪掉

③将花芯的底座穿入至手工用花蕊的下面

花芯的底座 16 1片

※因为要在中心插入雄蕊和雌蕊，所以起针保持较松的状态即可

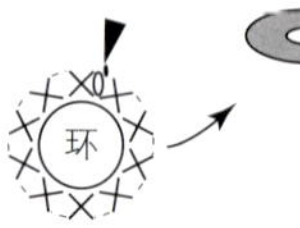

④将10根对折后的手工用花蕊分别插入花芯底座的短针的外侧1根线中，从短针的头部伸出约0.5cm，缠绕16号线固定

⑤将④插入花的中心至根部，拉紧起针的线环

花苞 10 1片

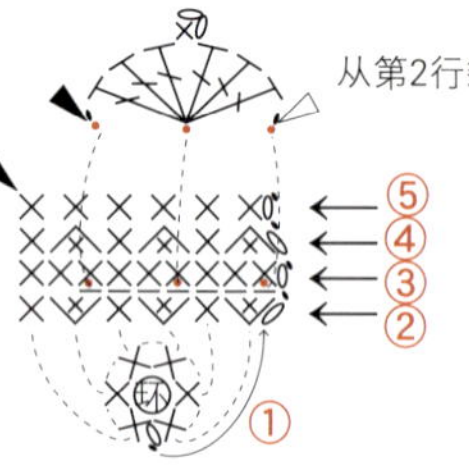

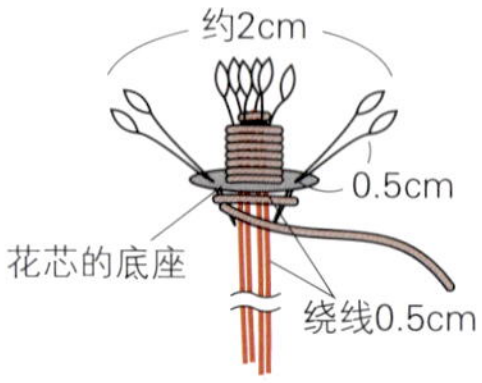

花苞的萼片 470 1片

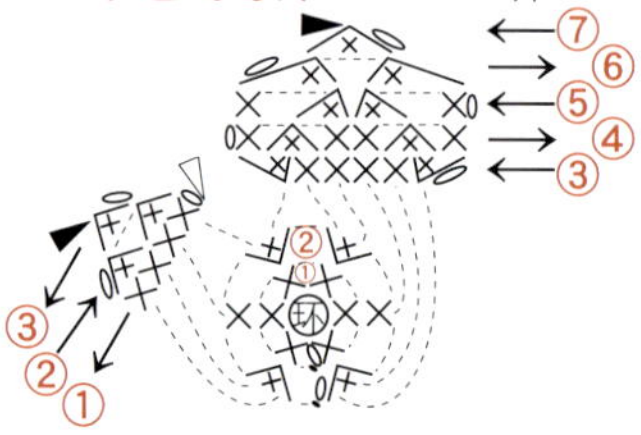

叶子 470 2片

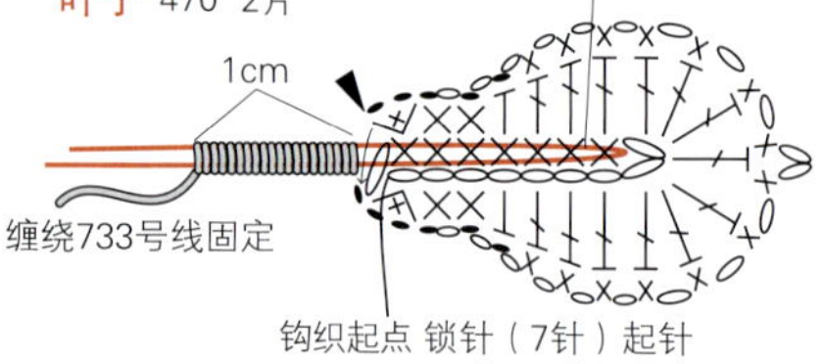

花苞的组合方法

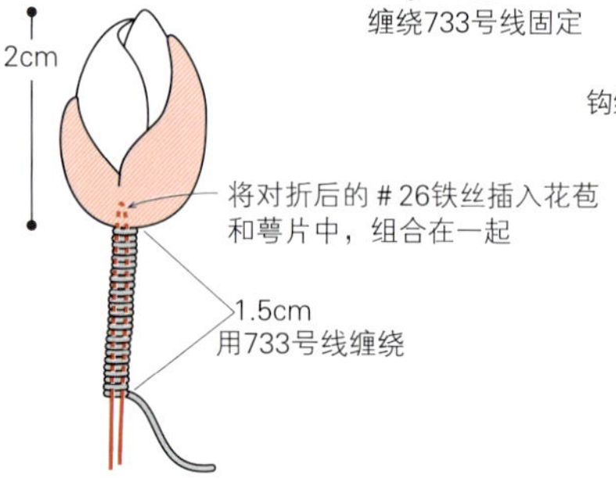

组装方法

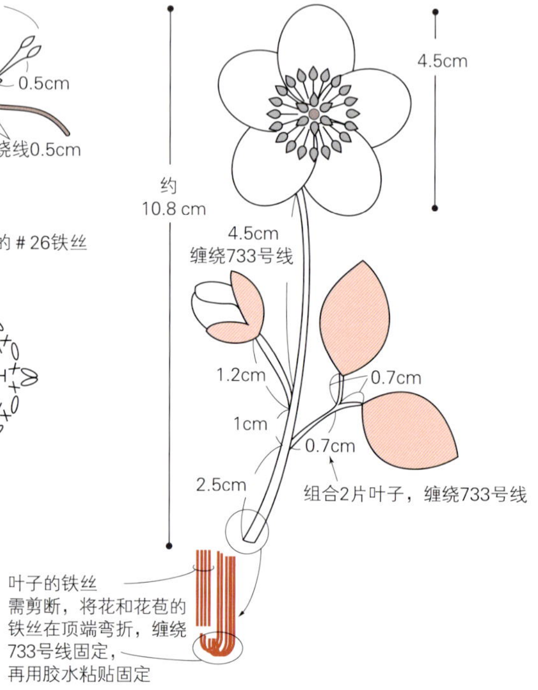

沈丁花

成品图 -- p.16

所需物品

【线】 25号刺绣线 / 绿色系（701）…2束、淡粉色系（23）…1.5束，粉色系（602）、黄色系（783）…各1束，褐色系（841）…0.5束

【针】 8号蕾丝针、2号钩针

【其他】 花艺铁丝＃24…4根

完成尺寸

参考编织图

花瓣　23　8片
2号钩针

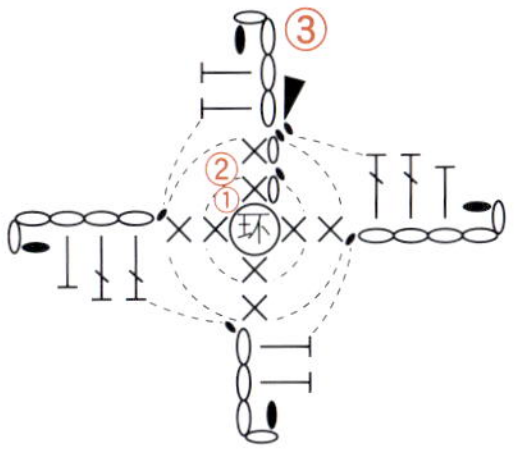

※起针的线环需在穿入雄蕊的铁丝后拉紧

雄蕊　783（2股绣线）　8根
8号蕾丝针

①将5cm的铁丝的顶端弯成圆形
②在弯出的圆形中，钩织两个5针锁针的狗牙拉针
③在铁丝上缠绕783号线

花的组合方法

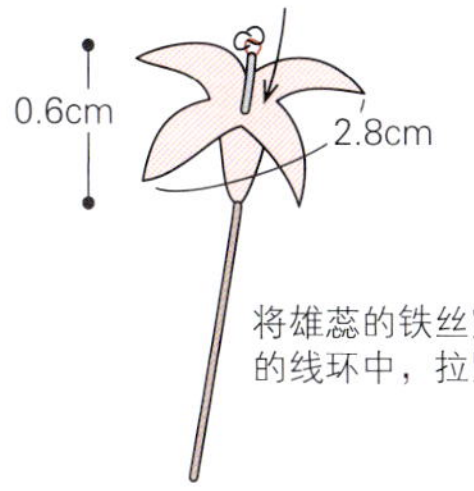

将雄蕊的铁丝穿入花的起针的线环中，拉紧起针的线环

花苞　602　6片　2号钩针

缝合花苞，将剪至12cm的铁丝对折，如图扎入根部，缠绕701号线固定

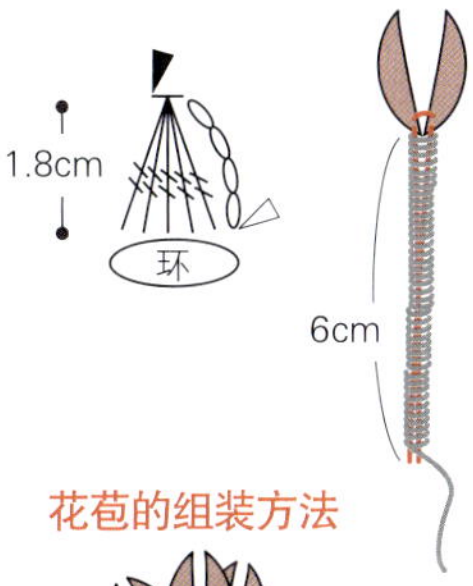

将花苞2个做成1束，共制作3束

叶子（小）　701　2片　2号钩针

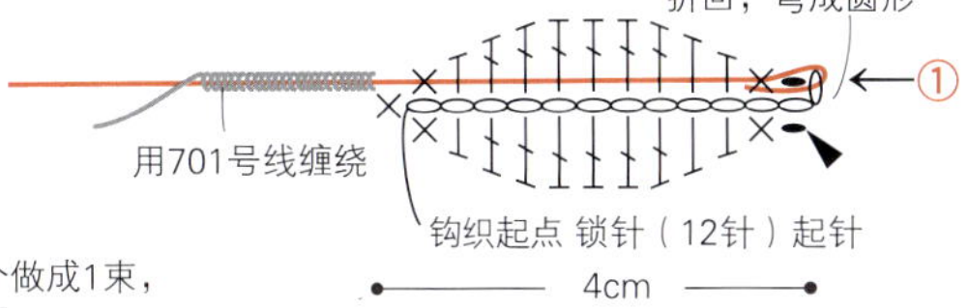

叶子（大）　701　3片　2号钩针

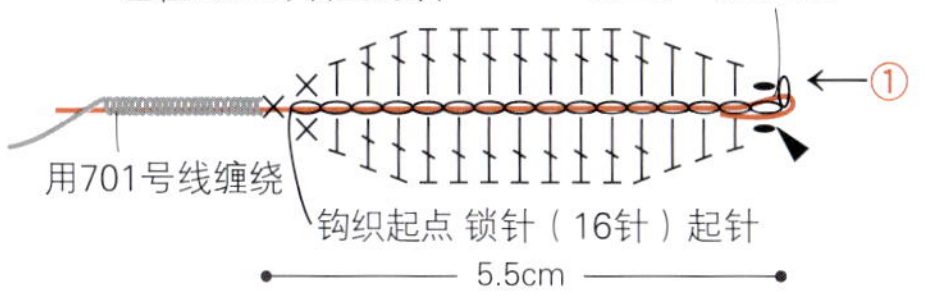

花苞的组装方法

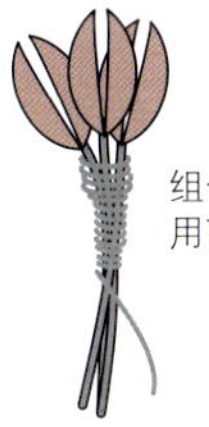

组合3束花苞，用701号线缠绕固定

组装方法

①在萼片的中心穿入3束组合好的花苞，在周围匀称地均匀地插入8束花

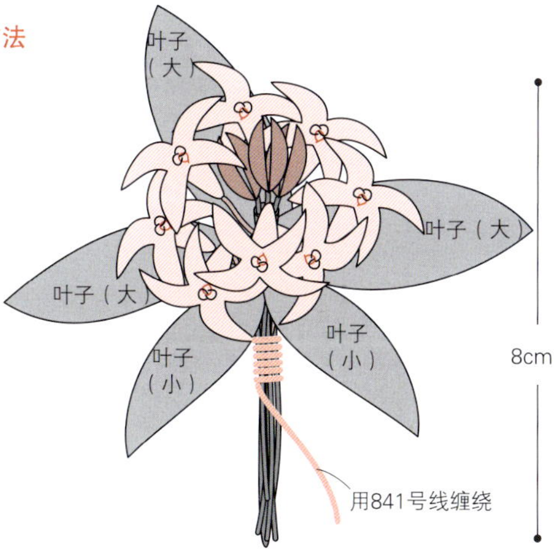

②在插好3束花苞和8束花的萼片周围摆放叶子，用841号线缠绕所有的铁丝，绕线终点需用胶水粘贴固定

萼片　701　1个
2号钩针

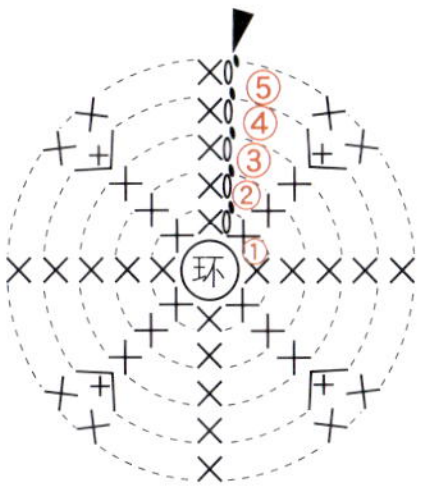

萼片的针目数

行数	针数	加针
5	12	
4	12	+4
2、3	8	
1	8	

茉莉花

成品图 -- p.17

所需物品

【线】 a 25号刺绣线 / 白色系（BLANC）…1束，黄绿色系（15）、米色系（677）、绿色系（986）…各0.5束
b 25号刺绣线 / 白色系（BLANC）…1.5束，绿色系（986）…1束，黄绿色系（15）、米白色系（677）…各0.5束
【针】 a 8号蕾丝针 b 8号蕾丝针

【其他】 a 花艺铁丝＃33…9根
b 花艺铁丝＃26…6根，长5.2cm，宽3.4cm插梳

完成尺寸

参考编织图

花瓣（a、b通用） BLANC
a 3股绣线 8个
b 5个

※第3行需挑起锁针的里山

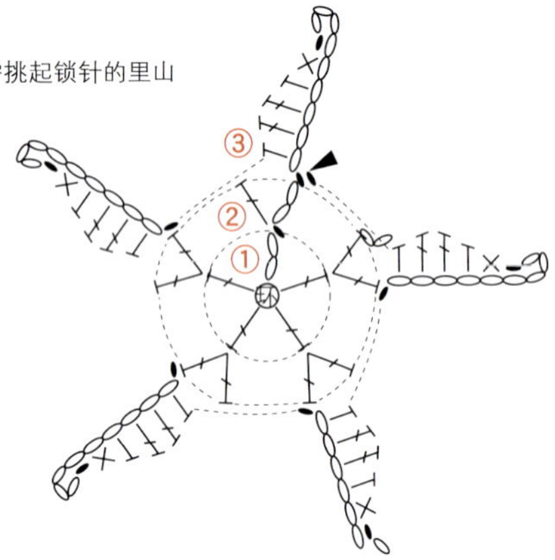

花芯（a、b通用） 677 a 2股绣线 8个
b 3股绣线 5个

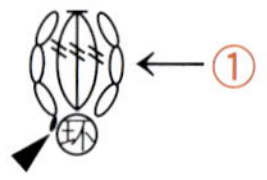

花的组合方法（a、b通用）

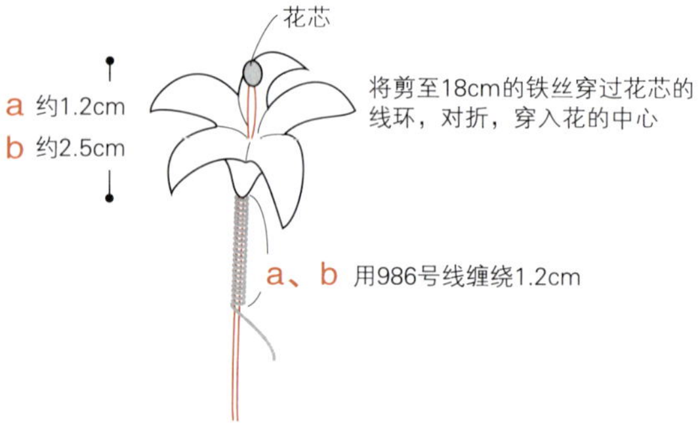

花苞（a、b通用） 15 a 3股绣线 5个
b 4个

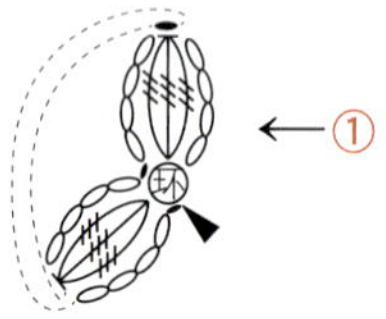

花苞的组装方法（a、b通用）

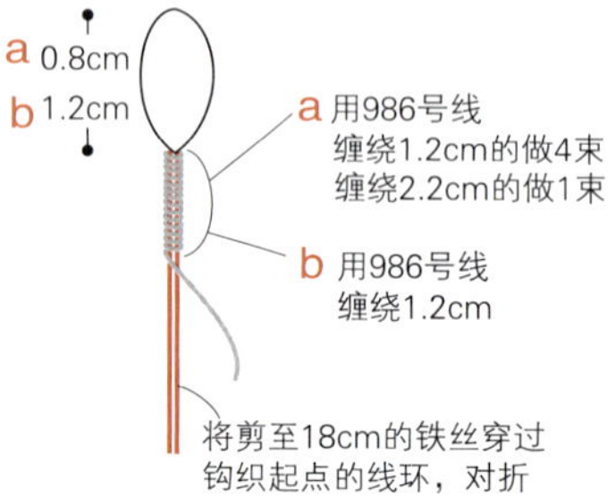

叶子（a、b通用） 986 a 3股绣线 4片
b 2片

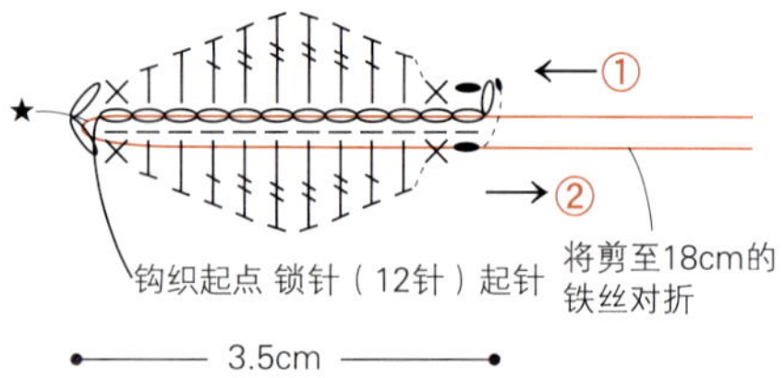

叶子的钩织方法（a、b通用）

①钩织12针锁针和1针起立的锁针
②挑起12针锁针的里山和铁丝，钩织叶子的一侧（①）。
③钩织另一侧的叶子前，将铁丝在★处对折，在铁丝的中央部分使叶子折返回来（2针锁针）
④一边包住折回的铁丝，一边用条纹针（②）钩织

叶子的组合方法（a、b通用）

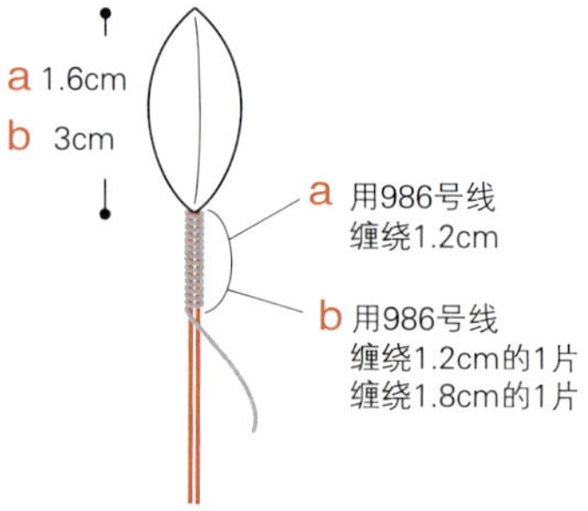

a 组装方法

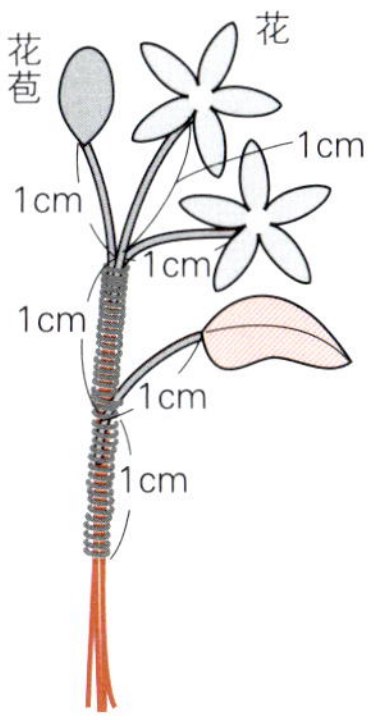

①如图组合花和花苞，将铁丝用986号线缠绕1cm

②添加叶子的茎，4束一起缠绕1cm

③制作相同的4束

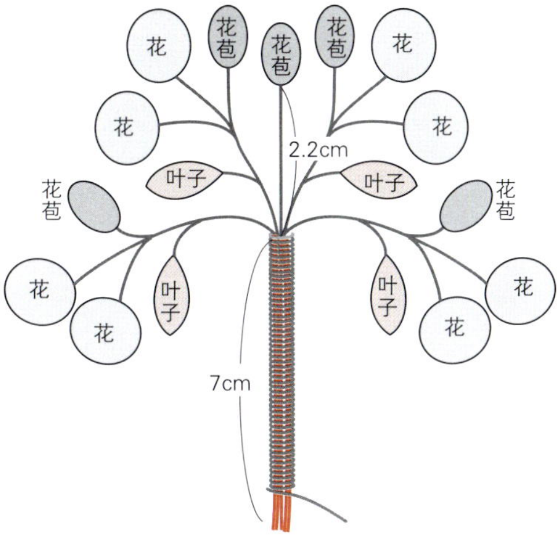

④将绕线2.2cm的花苞的铁丝作为中心，在周围配置4束①，用986号线缠绕7cm，用胶水粘贴固定

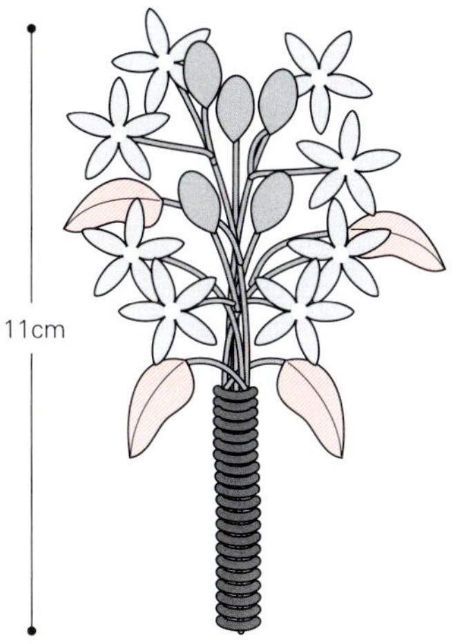

⑤将5个花苞作为中心，周围是8朵花，下方4片叶子呈对角线放置，一边整理一边绕线固定

b 组装方法

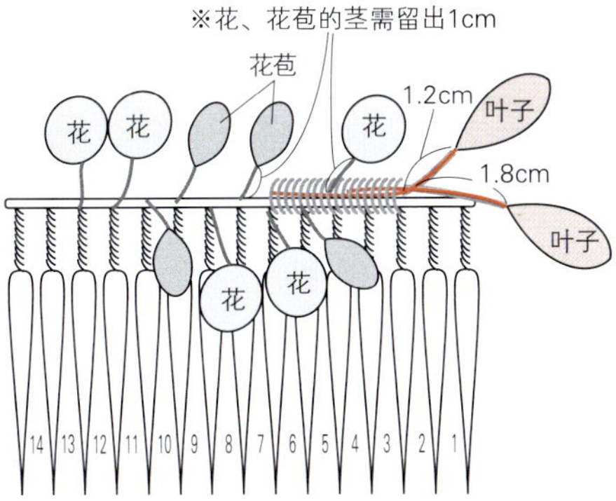

①将叶子如图放在插梳上，一边薄涂胶水一边缠绕986号线固定

②将花和花苞的绕线部分的茎向外拉，如图进行调整，一边涂抹胶水一边缠绕986号线固定

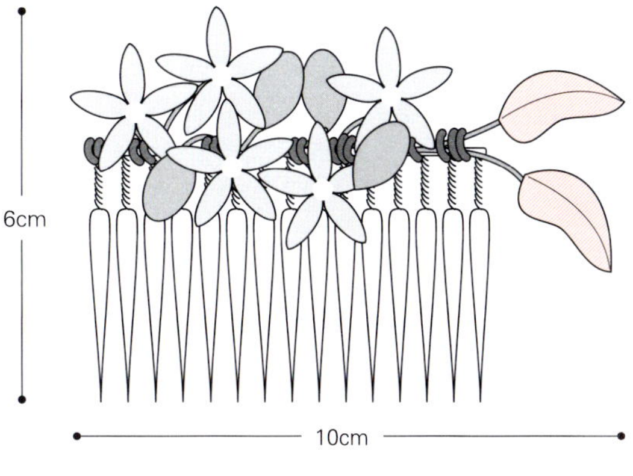

棉花

成品图 -- p.20

成品图 -- p.20

所需物品

【线】 a 25号刺绣线 / 白色系（B5200）…2.5束，褐色系（433）…1.5束，褐色系（434）…0.5束

b 25号刺绣线 / 白色系（B5200）…1束，褐色系（433）…0.5束，绿色系（434）…少量

【针】 0号蕾丝针

【其他】 a 花艺铁丝＃20…3根

a、b 通用填充棉…适量、胶水…适量

完成尺寸

参考编织图

花（大）（a、b通用） B5200 a=2片 b=1片

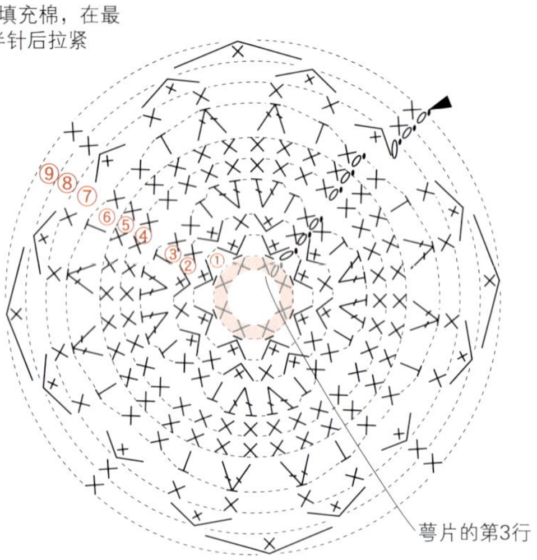
在第7行塞入饱满的填充棉，在最后一行需挑起前面半针后拉紧
⑨⑧⑦⑥⑤④③②①
萼片的第3行

萼片（a、b通用） 433 a=3片 b=1片

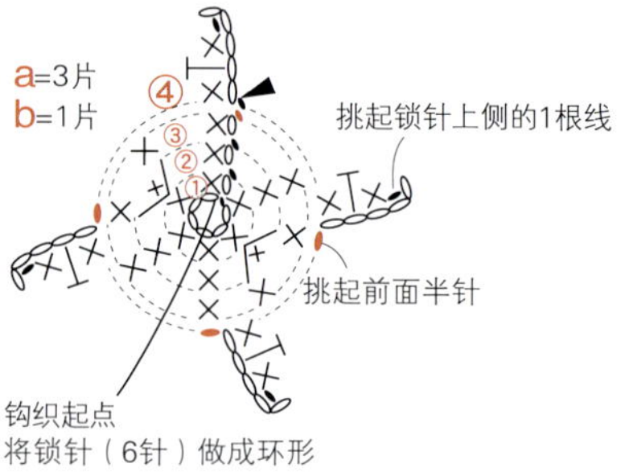
④
③
②
①
挑起锁针上侧的1根线
挑起前面半针
钩织起点
将锁针（6针）做成环形

花（大）的针数表

行数	针数	加减针
9	8	–4
8	12	–8
7	20	–4
6	24	–8
4、5	32	
3	32	+8
2	24	+8
1	16	+8

在第7行塞入填充棉

※第1行需挑起萼片的第3行后面半针

绳子（a、b通用）434（3股绣线） a=4根 b=2根

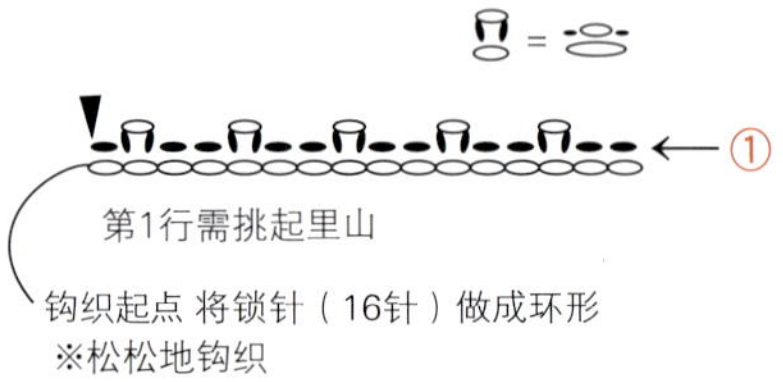
①
第1行需挑起里山
钩织起点 将锁针（16针）做成环形
※松松地钩织

花（大）和萼片的组合方法（a、b通用）

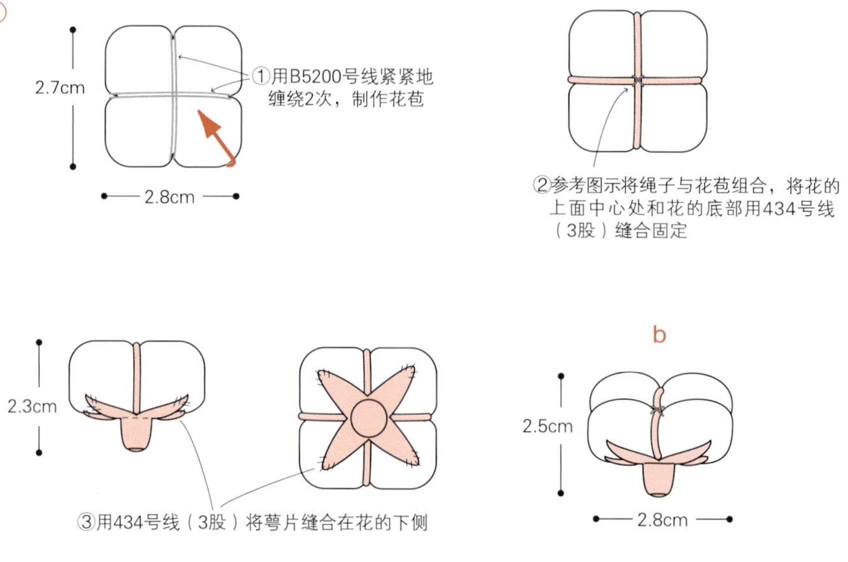
2.7cm
2.8cm
①用B5200号线紧紧地缠绕2次，制作花苞
②参考图示将绳子与花苞组合，将花的上面中心处和花的底部用434号线（3股）缝合固定
2.3cm
③用434号线（3股）将萼片缝合在花的下侧
b
2.5cm
2.8cm

a 花(小)　1片　B5200

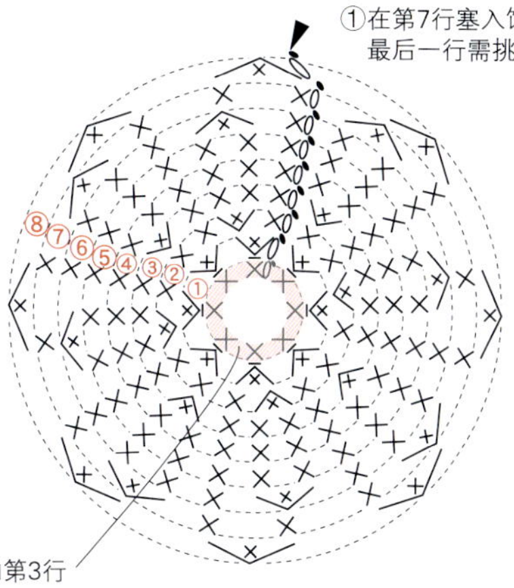

花（小）的针数表

行数	针数	加减针	
8	8	-8	
7	16	-4	在第7行塞入填充棉
6	20	-4	
4、5	24		
3	24	+4	
2	20	+4	
1	16	+8	※第1行需挑起萼片的第3行后面半针

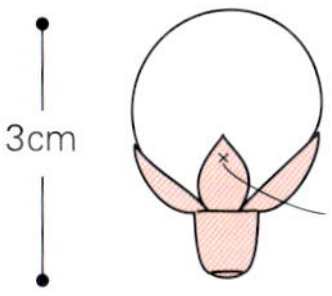

a 组装方法

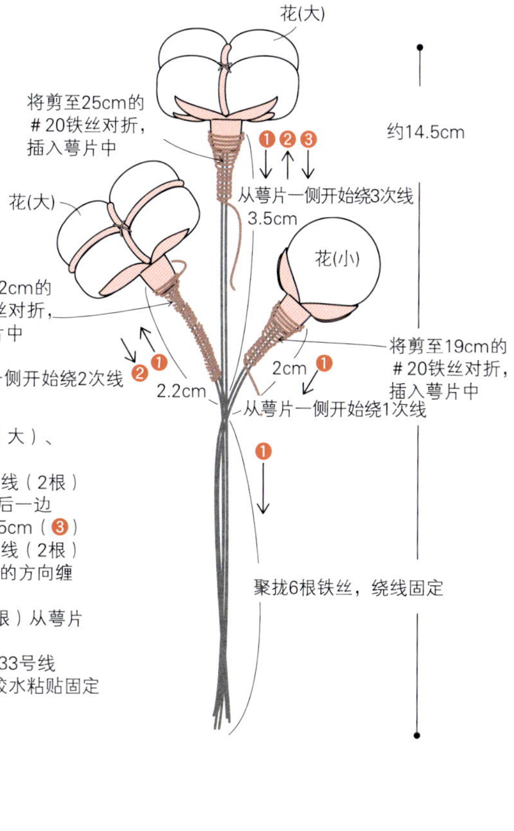

①分别将指定长度的铁丝对折，插入花（大）、花（小）的萼片中
②在中心的花（大）的铁丝上，用433号线（2根）从萼片一侧开始缠绕3.5cm（❶），然后一边缠绕一边返回萼片（❷），再次缠绕3.5cm（❸）
③在左侧的花（大）的铁丝上，用433号线（2根）从萼片下方2.2cm的位置开始，向萼片的方向缠绕（❶），再往回缠绕2.2cm（❷）
④在花（小）的铁丝上，用433号线（2根）从萼片一侧开始缠绕2cm（❶）
⑤聚拢花（大）、花（小）的铁丝，用433号线（2根）缠绕至下端，绕线终点处需用胶水粘贴固定

绒球花

成品图 -- p.21

所需物品

【线】 25号刺绣线 / 灰绿色系（647）…3.5束，灰绿色系（3072）…1.5束，褐色系（840）…0.5束

【针】 8号蕾丝针

【其他】 花艺铁丝 # 26…3根、# 33…4根、填充棉…适量

完成尺寸

参考编织图

茎A　647　8束

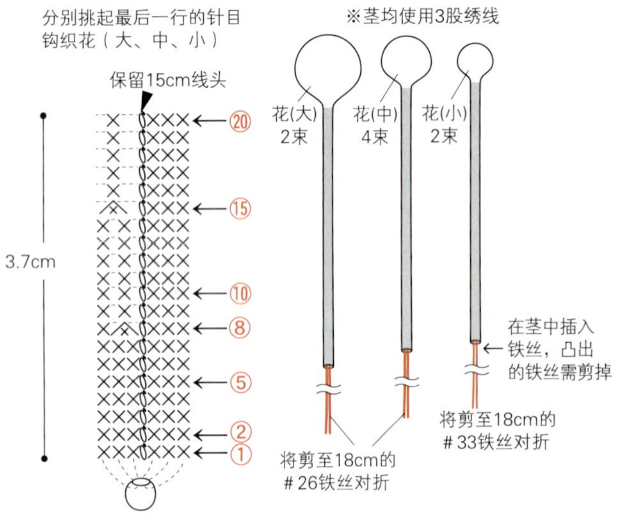

茎B　647　4束

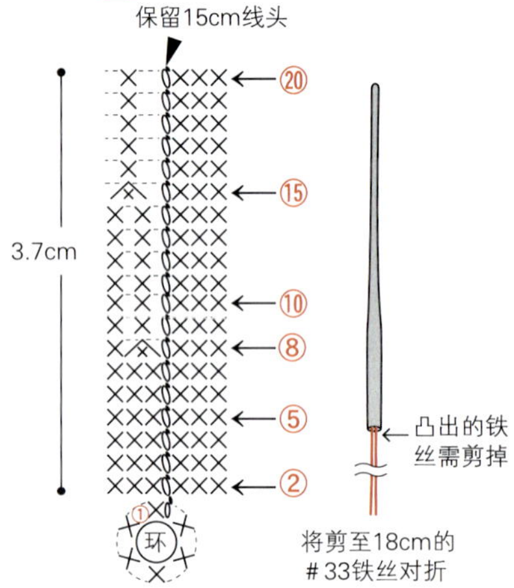

茎C　647　4束

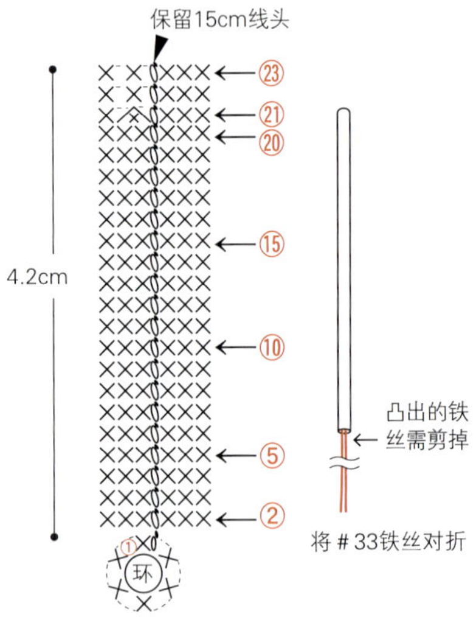

茎D　647　2束

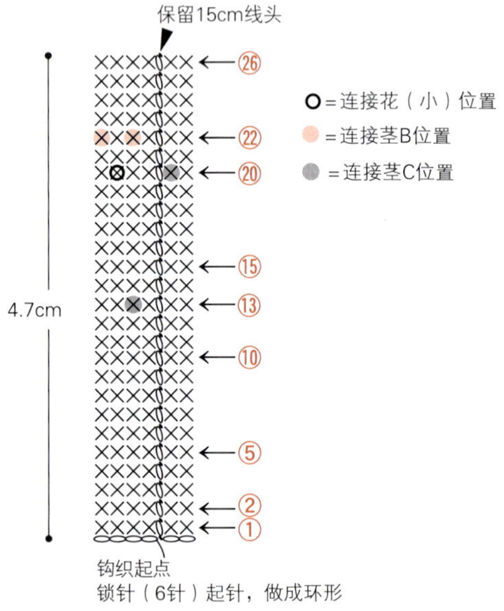

花(小) 3072　2个
直径约0.5cm

※花均使用3股绣线

※将织片的背面作为花的正面
※在第3行塞入填充棉

花(中) 3072　4个
直径约0.7cm

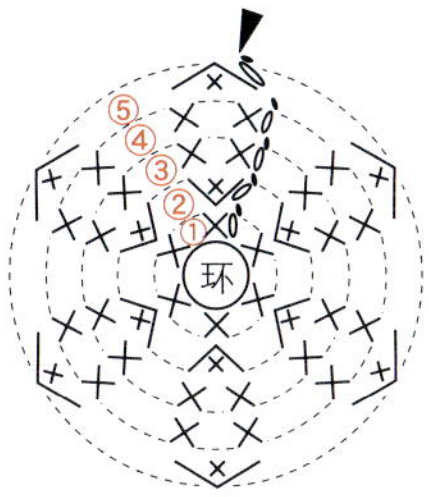

※将织片的背面作为花的正面
※在第4行塞入蓬松棉

花(大) 3072　2个
直径约0.9cm

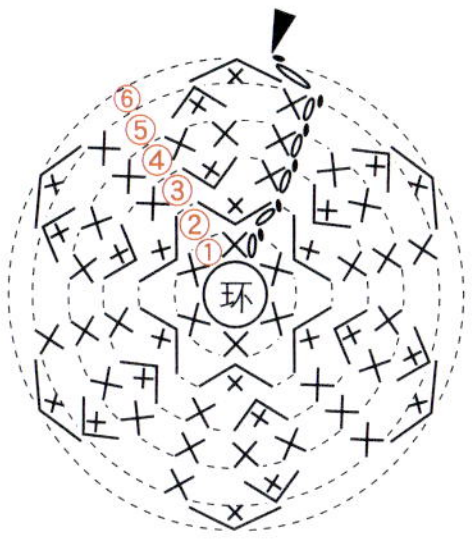

※将织片的背面作为花的正面
※在第5行塞入蓬松棉

组装方法①

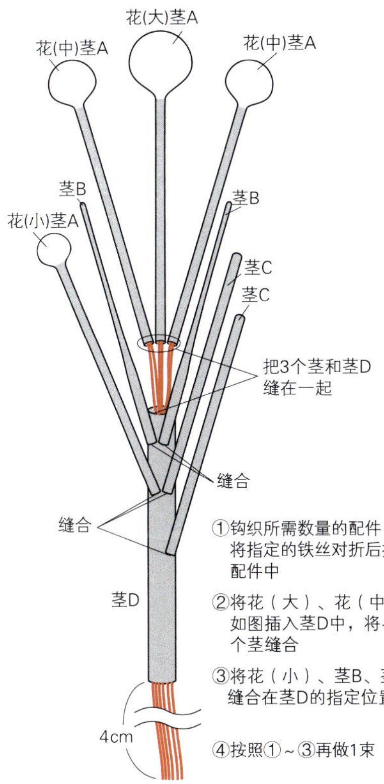

①钩织所需数量的配件，
将指定的铁丝对折后插入
配件中

②将花（大）、花（中）
如图插入茎D中，将各
个茎缝合

③将花（小）、茎B、茎C
缝合在茎D的指定位置

④按照①~③再做1束

组装方法②

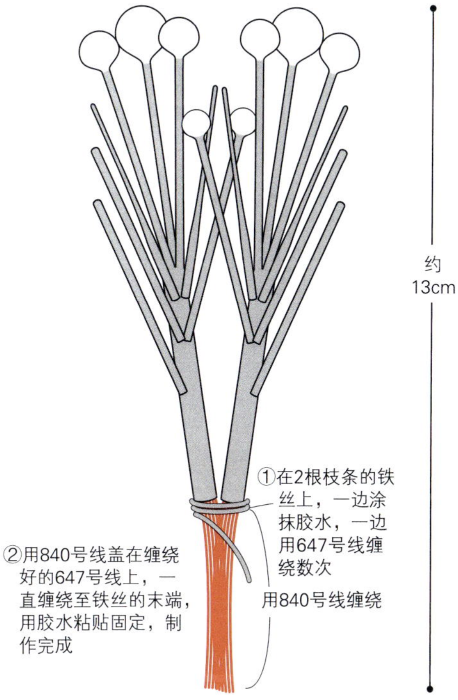

番红花

成品图o -- p.22

所需物品

【线】 25号刺绣线 / 褐色系（434）、褐色系（437）、绿色系（580）…各1束，浅紫色系（210）（211）、紫色系（553）、橙色系（741）、（721）、米白色系（822）、红紫色系（3803）…各0.5束

【针】 2号蕾丝针

【其他】 花艺铁丝＃24…1根、＃28…2根、填充棉…适量

完成尺寸

参考编织图

花瓣

211　1片
210　2片
553　3片

雄蕊和雌蕊

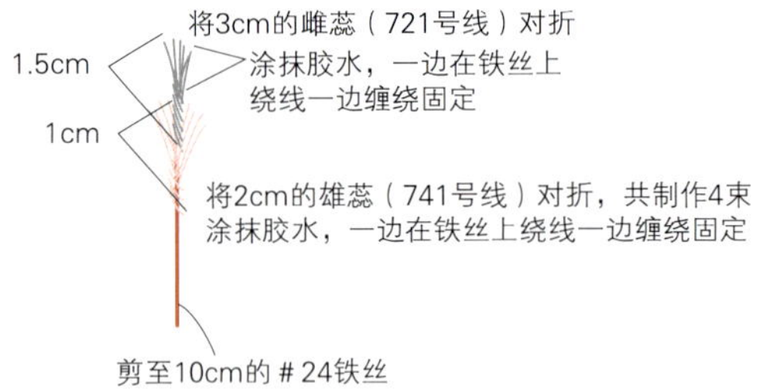

萼片　3803　1片

花的组合方法

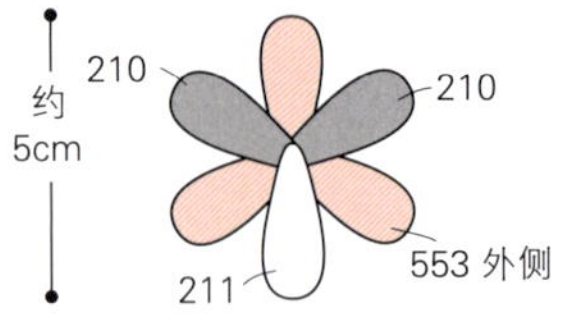

①将6片花瓣如图重叠

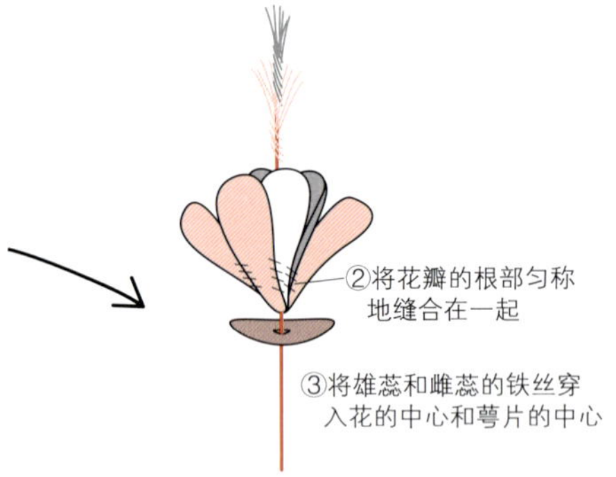

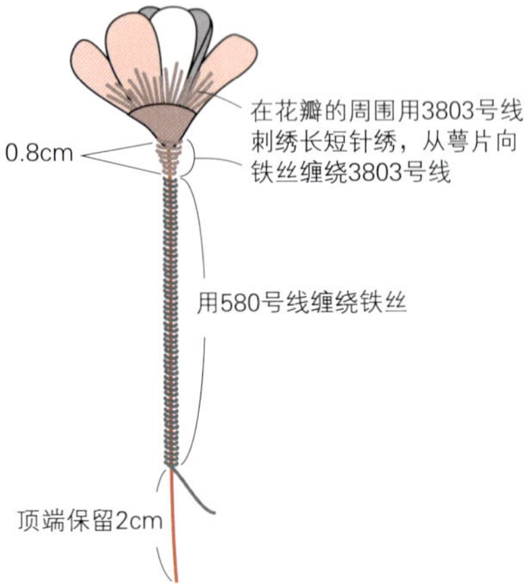

叶子 580　5片

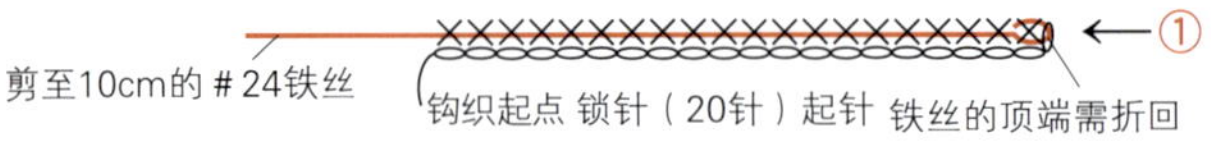

※短针需挑起锁针的里山，一边包住铁丝一边钩织

球根 437 1个

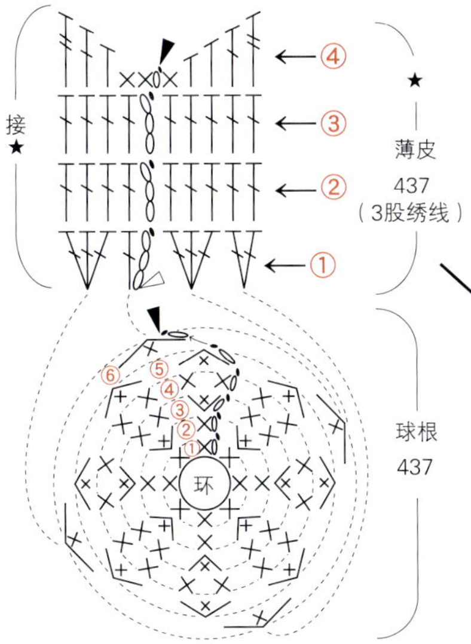

※中心的环无需拉紧，放置备用

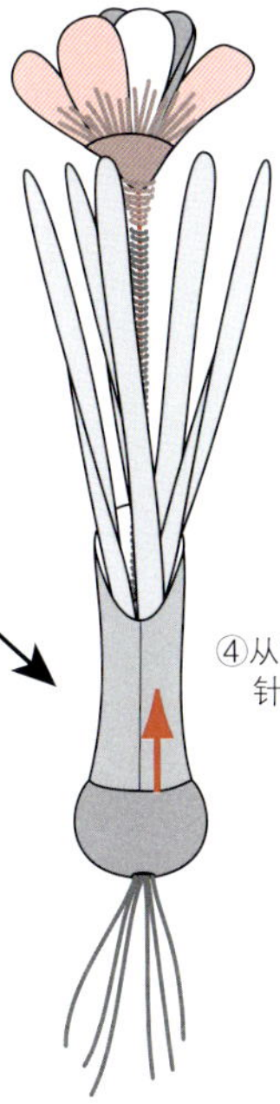

④从球根的最后一行上挑针，用3股线钩织薄皮

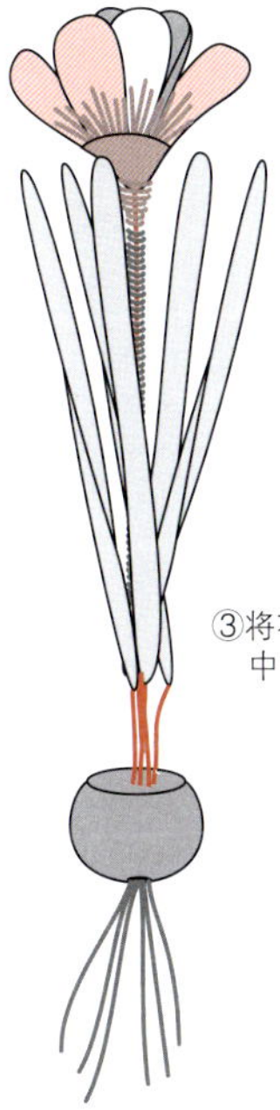

③将花和叶子插入球根中，用胶水固定

根 822 14cm（3股绣线）

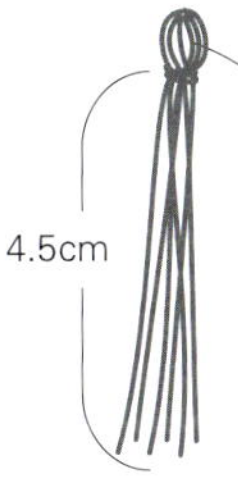

将822号线（14cm）对折，在环状一侧打结

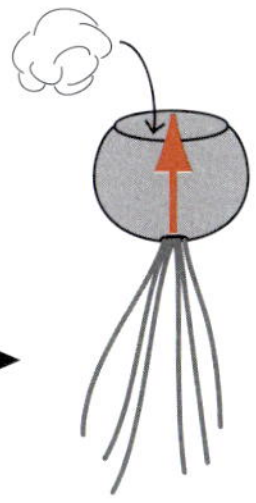

①将根放入球根中，从中心的线环中拉出，将线环拉紧并固定

②塞入填充棉

组装方法

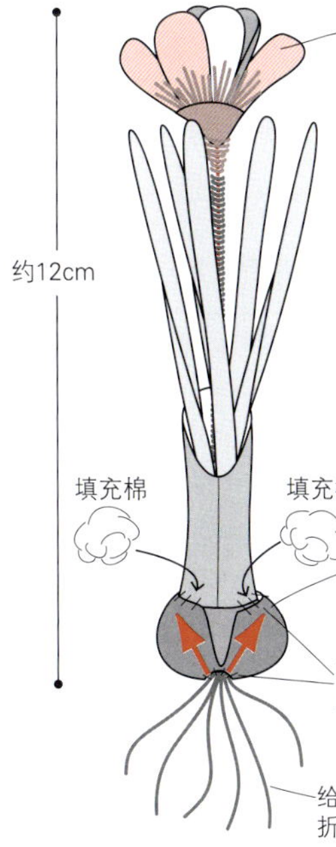

从花瓣的外侧喷上喷胶，调整并固定形状

球根外侧的薄皮

把球根外侧的薄皮套在球根上。往球根里塞入填充棉，将球根的根部与上侧缝合

给每条根涂抹胶水，捻一捻，折一折，制作成根的形状后固定

球根外侧的薄皮 434

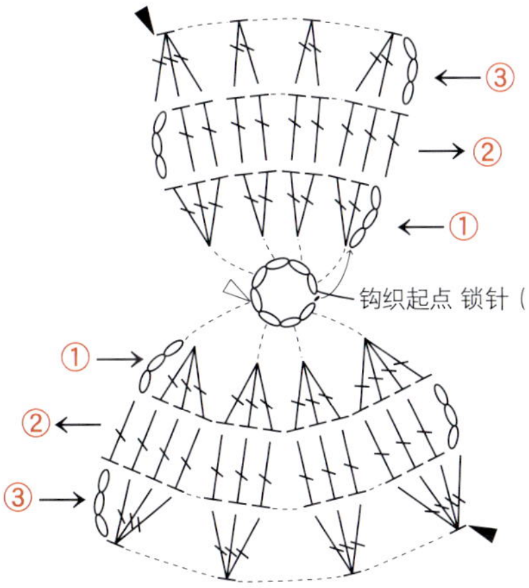

钩织起点 锁针（8针）起针、做成环形

风铃草

成品图 -- p.23　制作要点 -- p.40

所需物品

【线】 25号刺绣线 / 紫色系（3746）…3束，绿色系（987）…1.5束，黄色系（19）、紫色系（340）…各0.5束

【针】 2号蕾丝针

【其他】 花艺铁丝＃30…5根、手工胶水…适量

完成尺寸

参考编织图

花　6个

— =3746
— =340

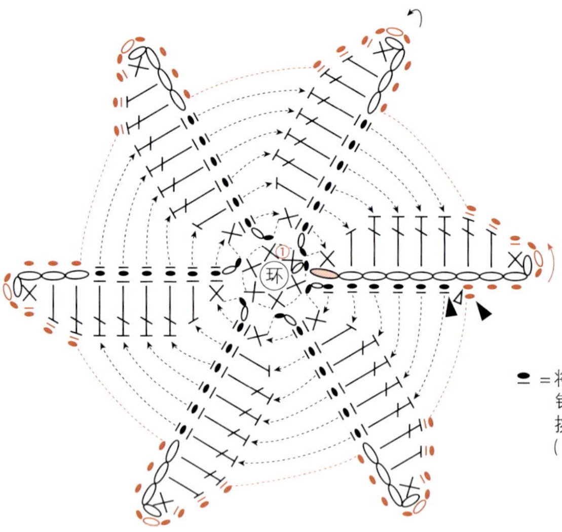

▬ =将起针的半针锁针和钩织终点的花瓣一起挑起钩织（参照p.40）

⬭ =花瓣的钩织起点
锁针（9针）起针

▬ =将前一行后面的半针引拔
※钩织方法参考p.40

萼片 987　6片

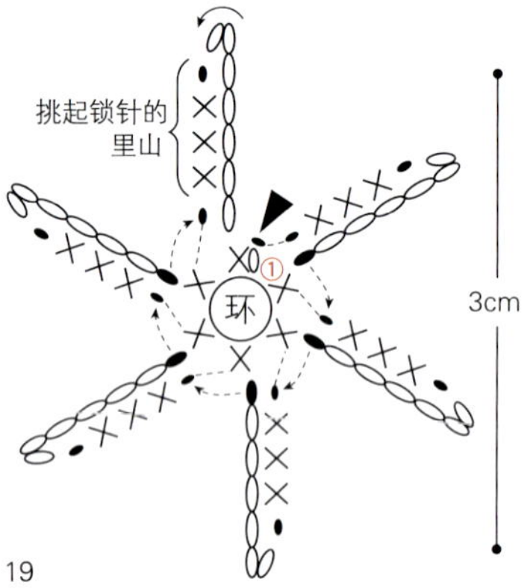

花芯 19
6片

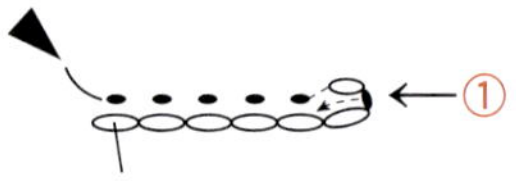

钩织起点
锁针（6针）起针

※钩织起点、钩织终点的线需保留3cm

花芯的组合方法

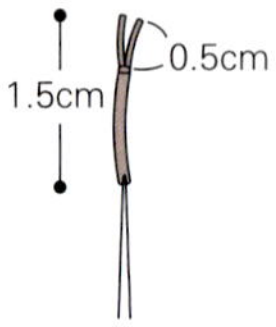

①将钩织起点和钩织终点的线头打单结
②涂抹胶水，保留0.5cm的线头后剪断
③将剪至18cm的铁丝对折后穿入

花的组合方法

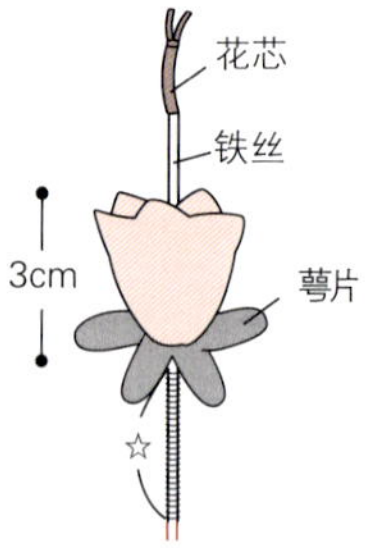

①将花芯的铁丝穿过花、萼片
②将线（987号线）缠绕在铁丝上，用胶水粘贴固定
※除了作为花的中心的1束，其余均按照☆的尺寸绕线后剪断铁丝

☆＝ 2cm，制作2束
2.5cm，制作1束
3cm，制作2束

叶子　987
2片

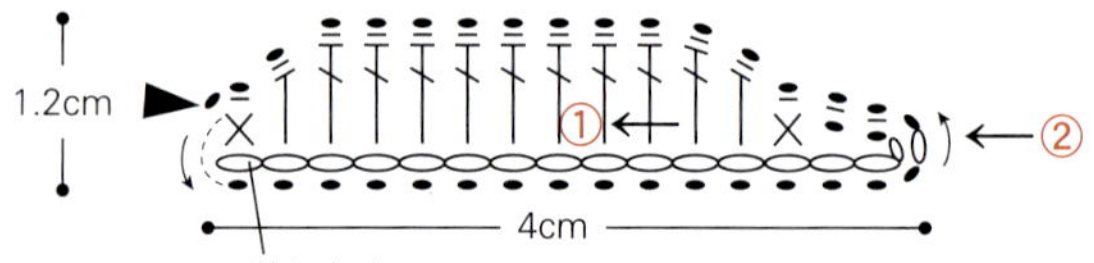

钩织起点
锁针（15针）起针

组装方法

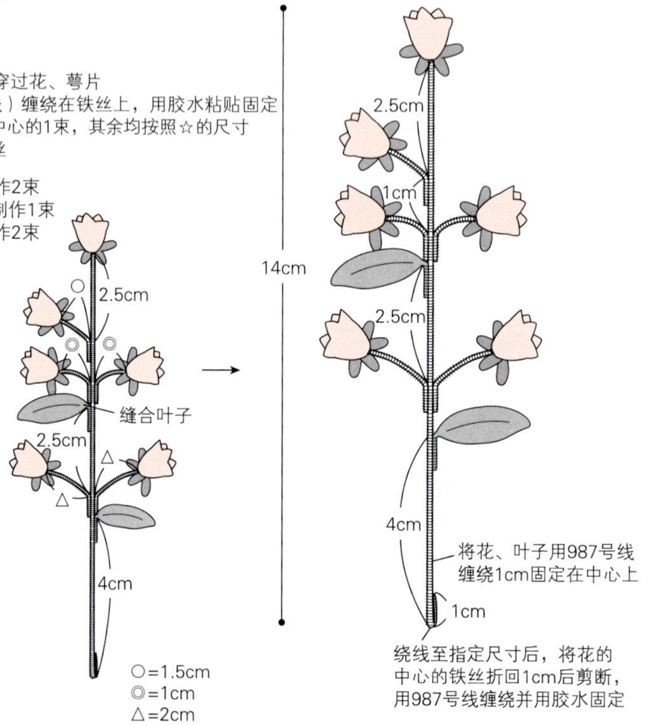

○=1.5cm
◎=1cm
△=2cm

绕线至指定尺寸后，将花的中心的铁丝折回1cm后剪断，用987号线缠绕并用胶水固定

梅花

成品图 -- p.25

所需物品

【线】 25号刺绣线 / 褐色系（841）…3束，粉色系（3831）…1.5束，黄色系（307）…1束

【针】 2号、3号钩针

【其他】 花艺铁丝 # 22…2根、胶水…适量

完成尺寸

参考编织图

花 3片 2号钩针

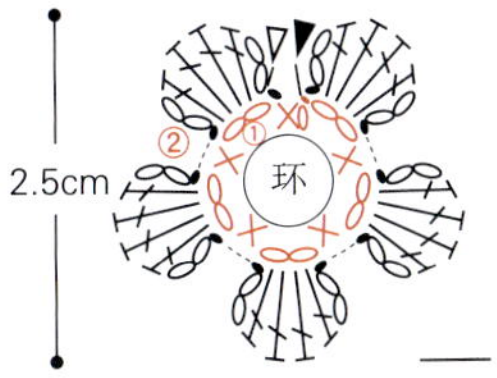

——=3831
——=307

萼片
841 5片 3号钩针

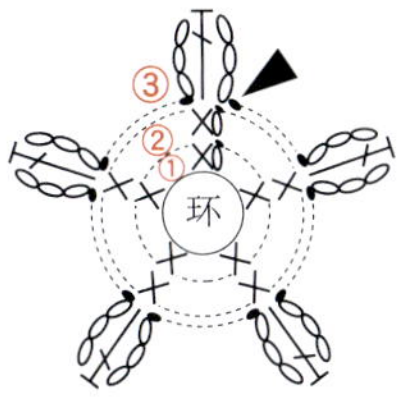

花苞
3831 2片 2号钩针

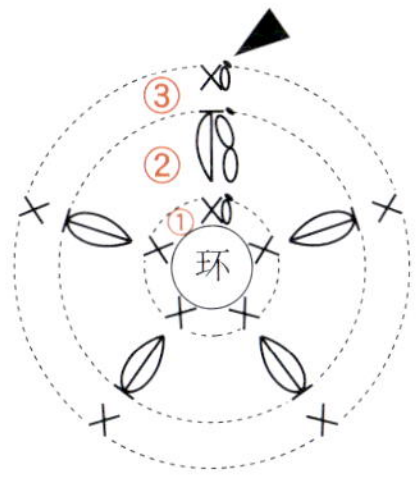

花芯 307 24（3股绣线）

单结

①将线头打单结，剪至2.5cm。在整体上涂抹胶水固定

②制作8～10根，扎成一束，修剪至1.5cm

组装方法

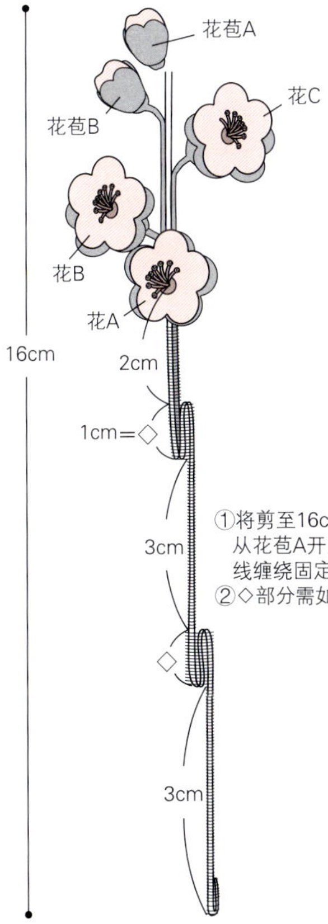

①将剪至16cm的铁丝作为轴，从花苞A开始组合，用841号线缠绕固定

②◇部分需如图弯折

花苞的组合方法

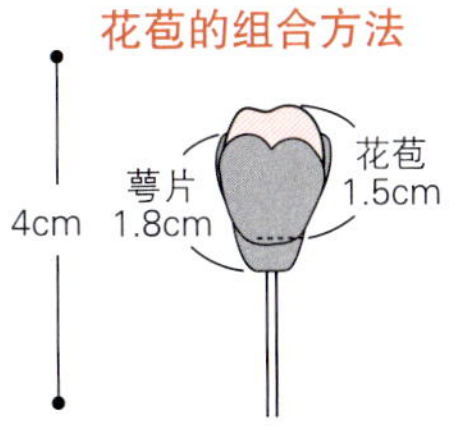

①将剪至8cm的铁丝穿入萼片、花苞中，折回

②缠绕841号线

花的组合方法

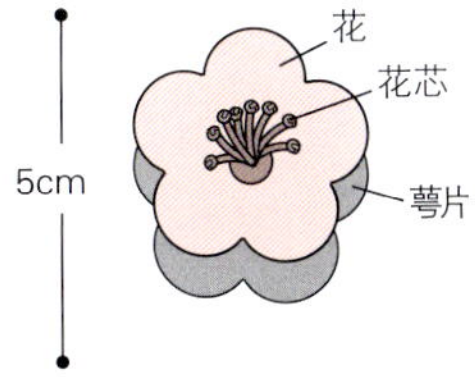

①将组合好的花芯穿入花、萼片的起针的线环中

②将花A和花苞B以外的铁丝剪至10cm。将花A的铁丝剪至24cm，花苞B的铁丝需剪至4cm

③分别将修剪后的铁丝穿入①中，折回

④缠绕841号线

山茶花

成品图 -- p.24

所需物品

【线】 25号刺绣线/红色系(321)…2束，绿色系(890)、(989)…各1.5束，褐色系(3828)、白色系(3865)…各0.5束

【针】 0号蕾丝针

【其他】 花艺铁丝#24…2根、#26…3根，手工用花蕊(黄色)…12根，填充棉……适量

完成尺寸

参考编织图

花芯 3865 1片

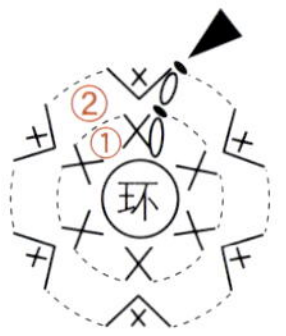

花瓣a 321

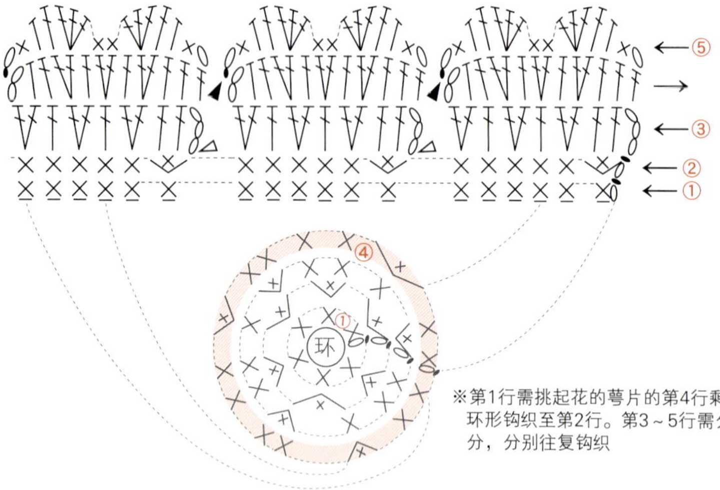

※第1行需挑起花的萼片的第4行剩余的半针，环形钩织至第2行。第3~5行需分为3个部分，分别往复钩织

花的萼片 989

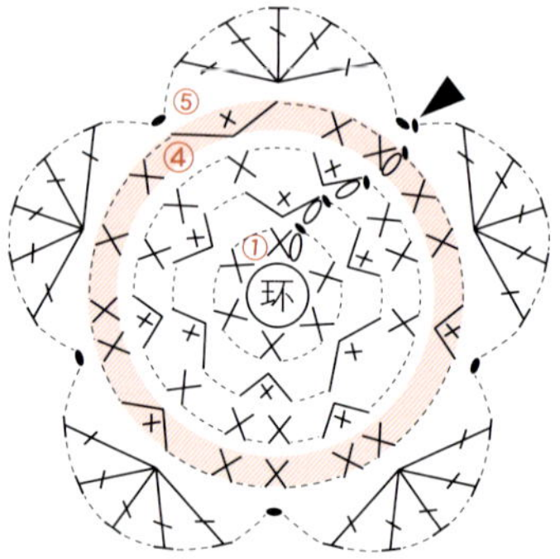

第5行需挑起前一行的前面半针

花瓣b 321 2片

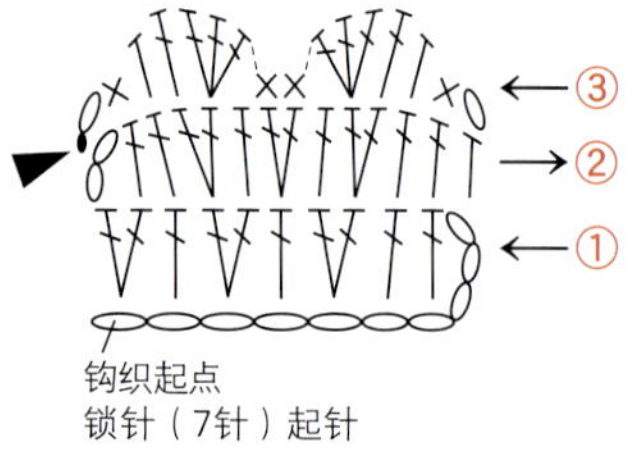

钩织起点
锁针(7针)起针

花芯的组合方法

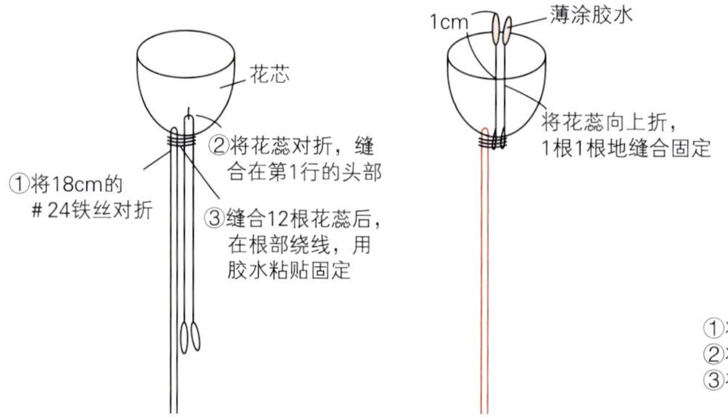

花的组合方法

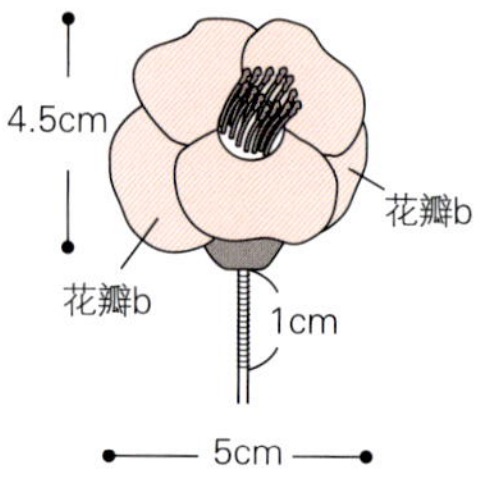

①将花瓣b缝合在花瓣a的第1、2行之间
②将花芯的铁丝穿过花、萼片
③在萼片的根部1cm部分缠绕 989号线

花苞 321 1片

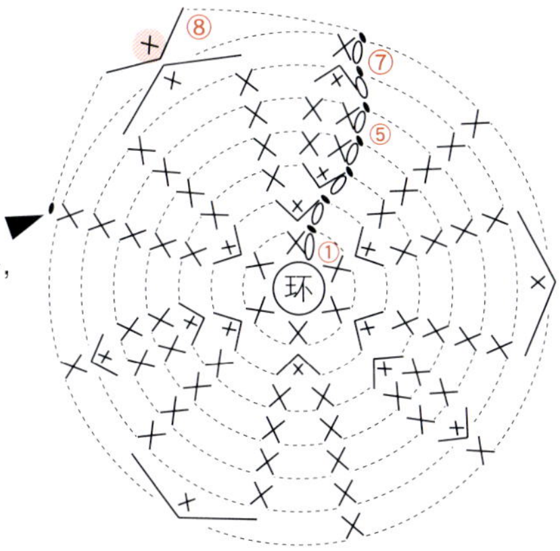

=钩织4针短针

花苞的萼片 989 1片

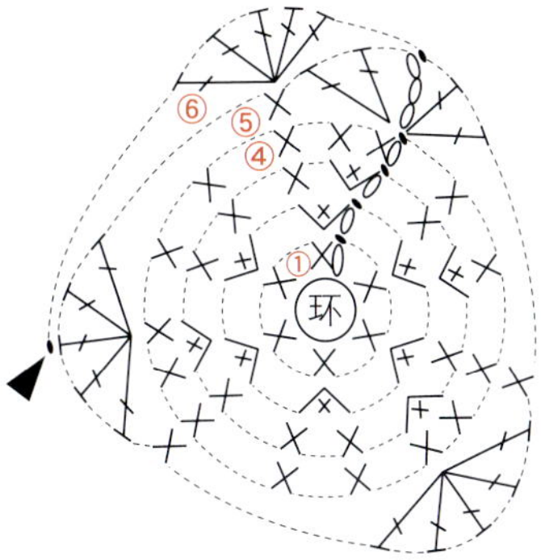

花苞的组合方法

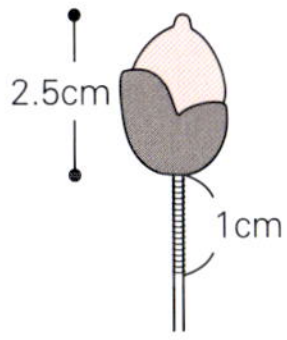

①将对折的＃24铁丝穿过花苞的萼片、花瓣
②在萼片的根部1cm部分缠绕 989号线

叶子（大） 890 2片

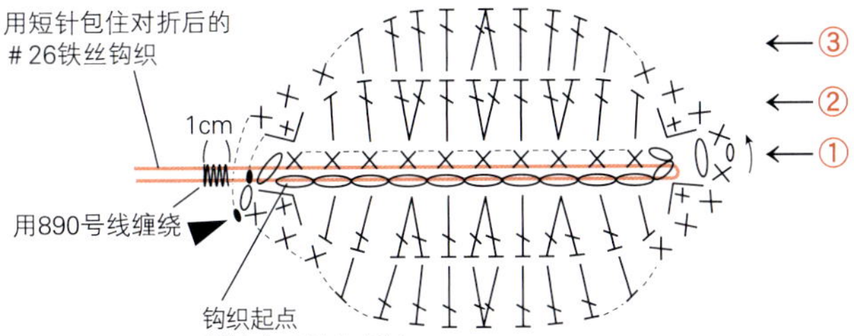

叶子（小） 890 1片

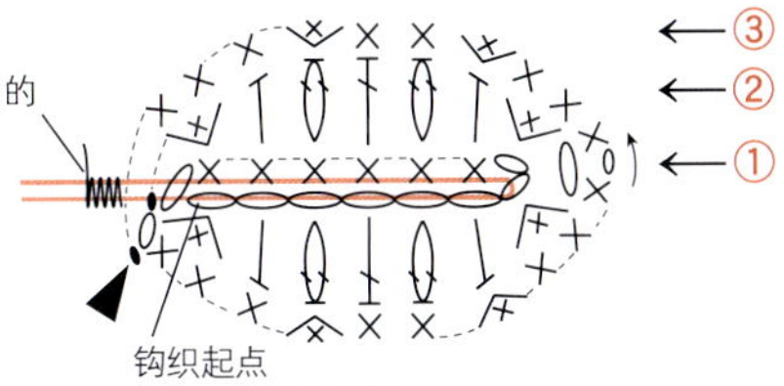

组装方法

添加花苞、花、叶子，用3828号线缠绕指定长度，用胶水粘贴固定

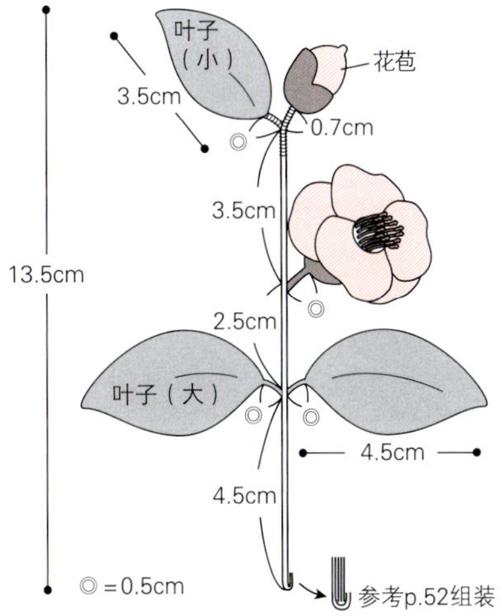

春飞蓬

成品图 -- p.26

所需物品

【线】 25号刺绣线／绿色系(469)、黄色系(727)…各1束，白色系(BLANC)、粉色系段染线(48)…各0.5束

【针】 2号蕾丝针

【其他】 花艺铁丝＃28…6根、＃30…1根，胶水…适量

完成尺寸

参考编织图

花芯 727 3个

※花芯（大）需使用背面

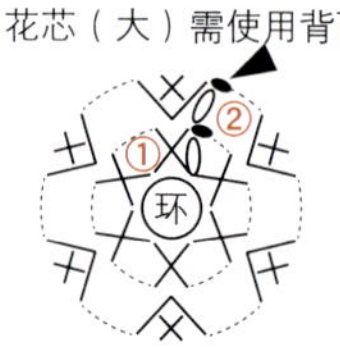

将线穿入第2行的外侧半针，稍稍拉紧，做出蓬松的样子

花芯的底座 724 3片

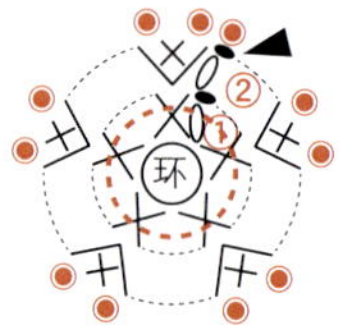

●＝连接流苏位置
- - -＝缝合花芯位置

花的萼片 469 3个

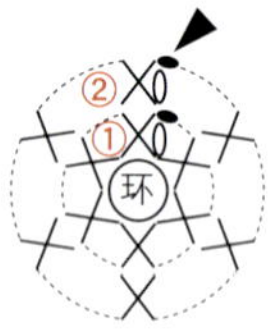

花苞的萼片 469 3个

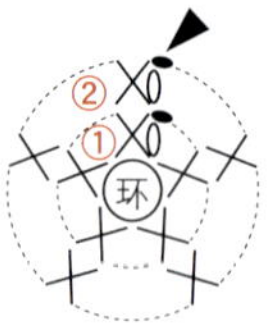

叶子（大） 469 2片

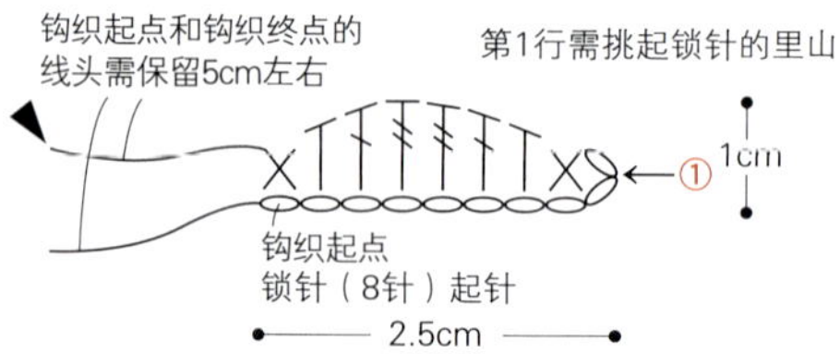

叶子（小） 469 2片

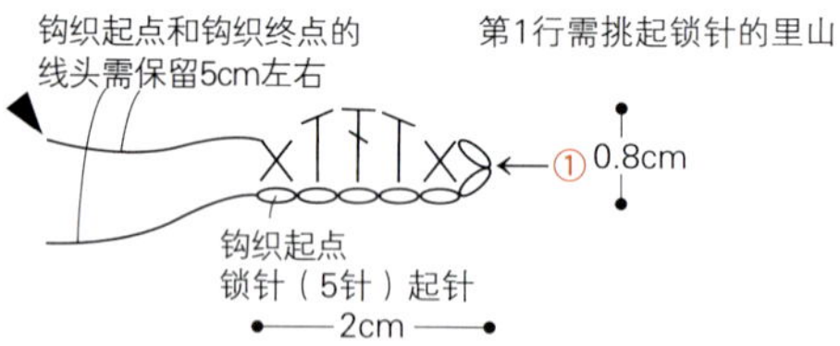

流苏的连接方法（参考p.37）

※将剪至5cm的线对折使用

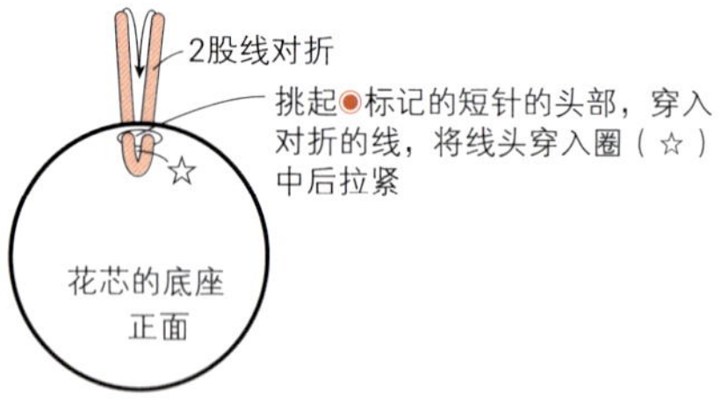

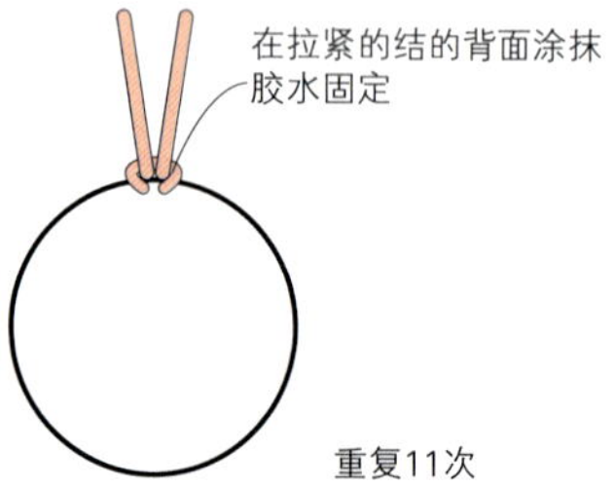

重复11次

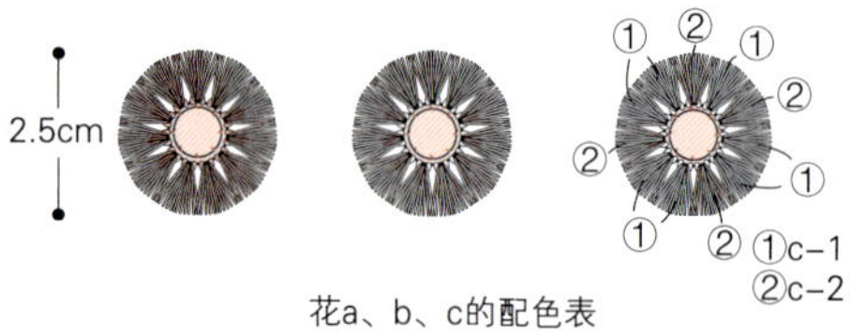

花a、b、c的配色表

	色号	流苏的根数
a	48 12股	11根
b	BLANC 6股 48 6股	11根
c−1	BLANC 12股	7根
c−2	BLANC 6股 48 6股	4根

花的组合方法

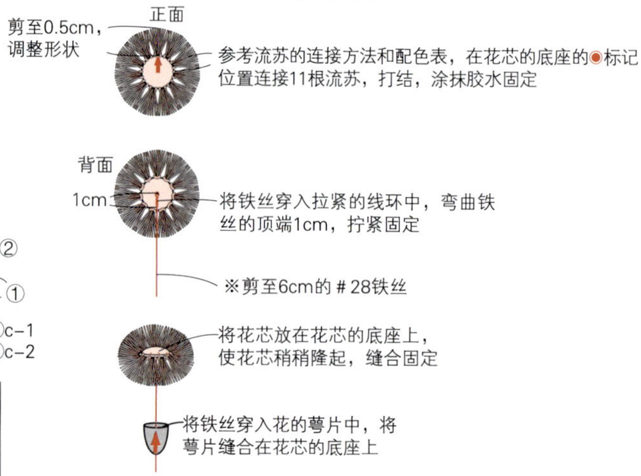

花苞的制作方法

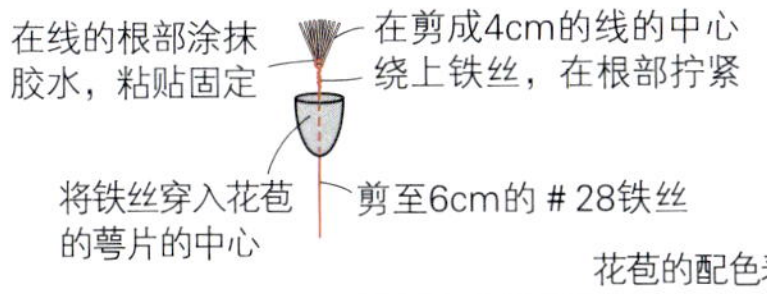

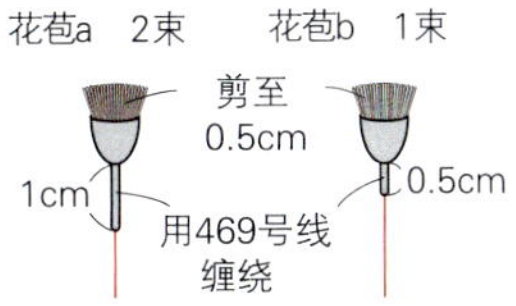

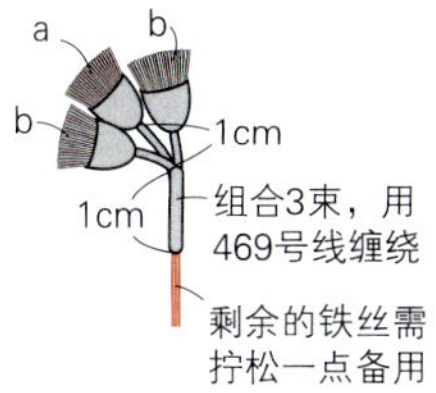

花苞的配色表

a	b
48　6股×10束	48　6股×5束
	BLANC　6股×5束

花和茎的组合方法

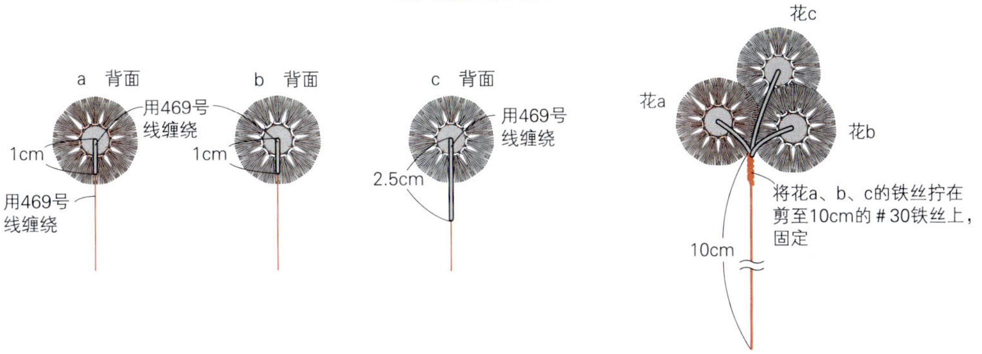

完成图

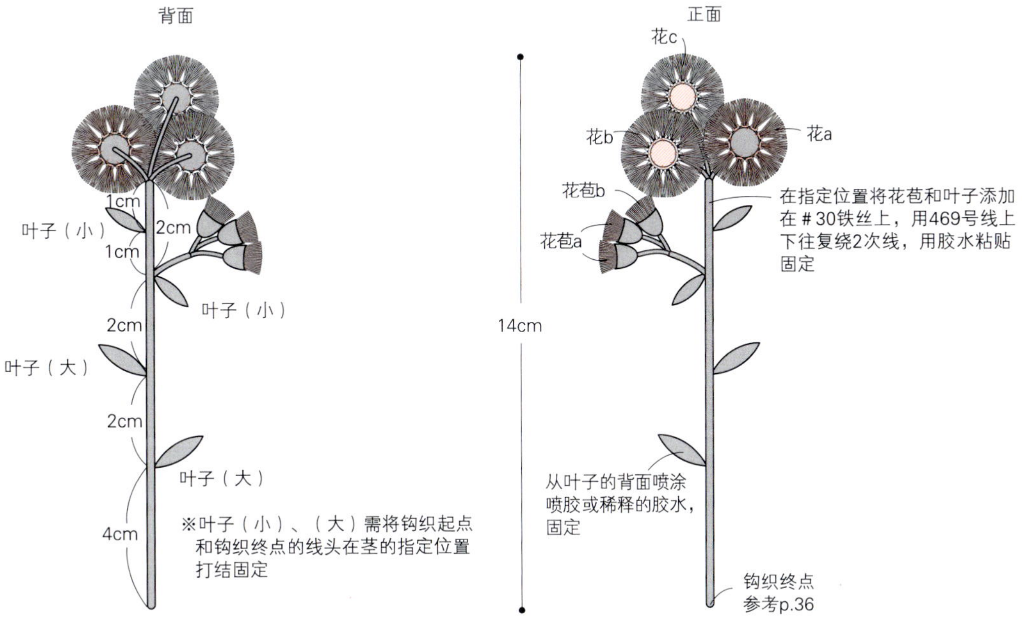

葡萄风信子

成品图 -- p.27

所需物品

【线】25号刺绣线／绿色系(470)、雪青色系(796)…各1.5束，浅黄色系(3046)…1束，绿色系(166)、水蓝色系(341)、褐色系(801)、白色系(3045)、灰色系(844)…各0.5束，米白色系(844)…少量

【针】0号蕾丝针

【其他】花艺铁丝#24…4根、#28…8根，填充棉…适量，胶水…适量

完成尺寸

参考编织图

叶子 470 3片

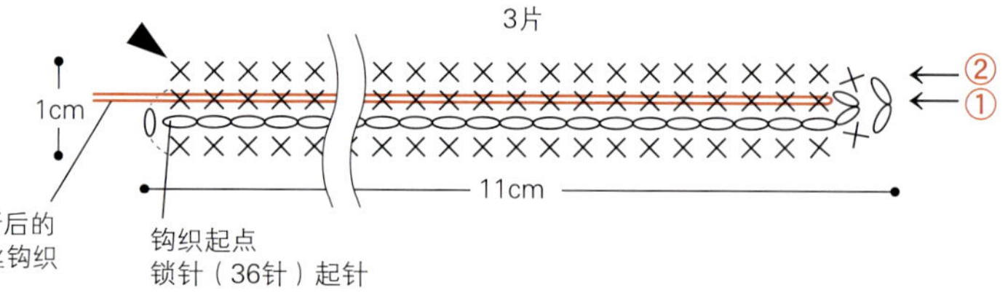

球根

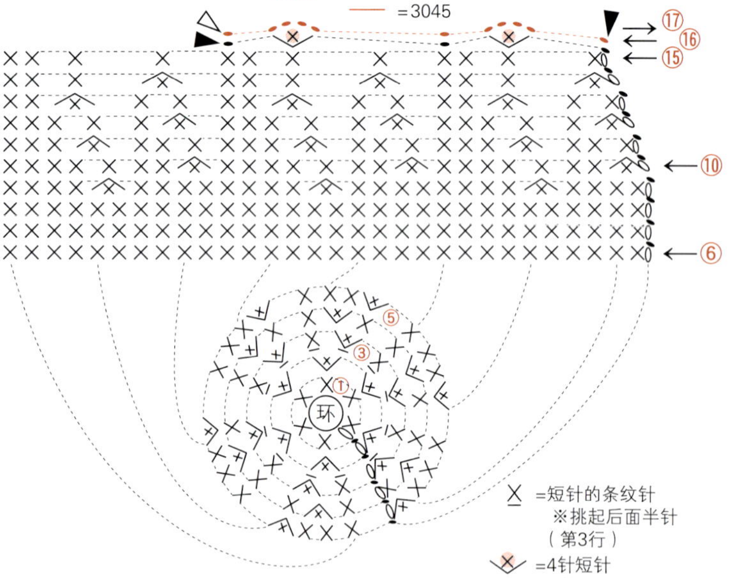

X =短针的条纹针
※挑起后面半针
(第3行)

=4针短针
(第16行)

大花的组合方法

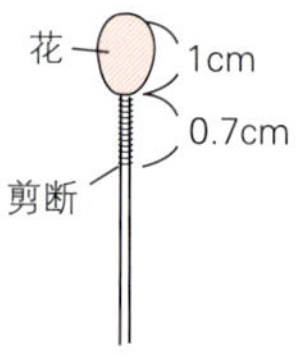

将剪至8cm的#28铁丝的顶端弄弯，穿入花中。将796号线缠绕0.7cm后剪断

大花 20个

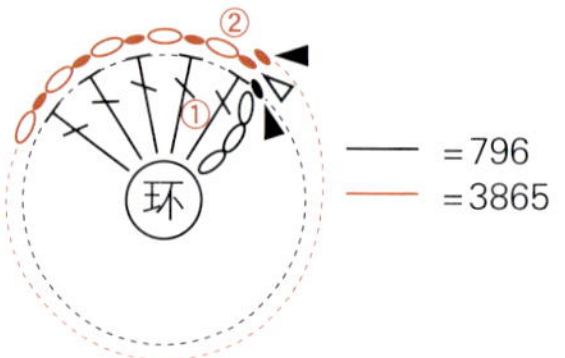

※在钩织起点引拔，做成环形

中花 796 2个

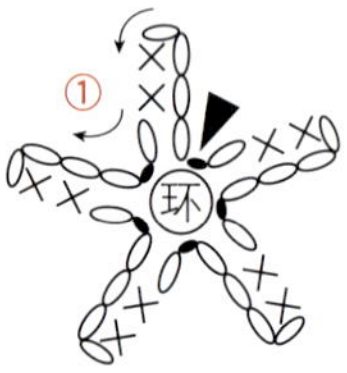

小花 341 2个

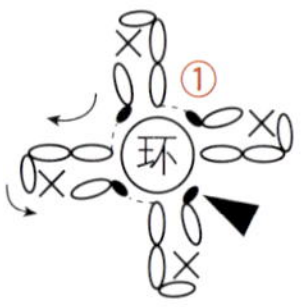

组装方法

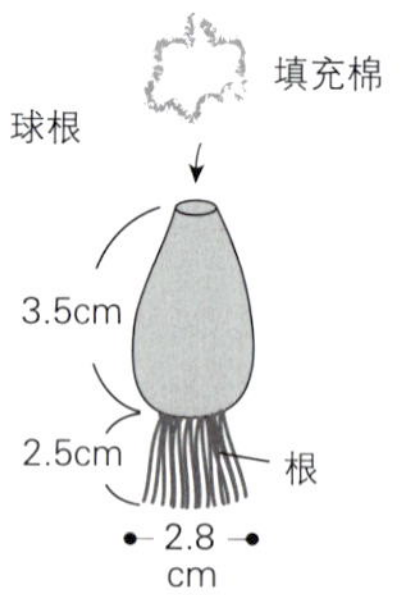

①将剪至6cm的线(822号线)连接在球根第2行剩余的半针上(参考p.37)做成根
②将填充棉塞入球根中

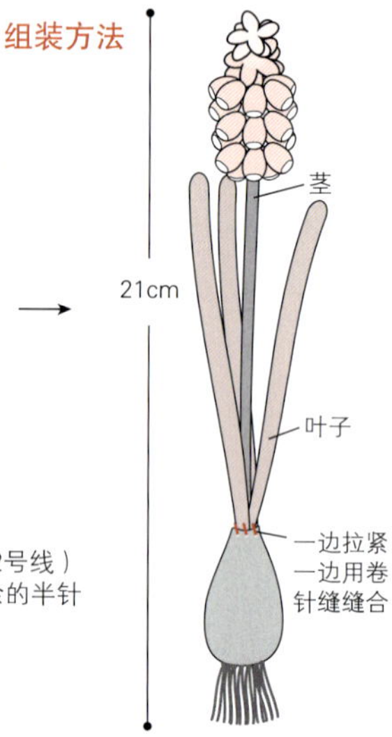

③组合茎和3片叶子，用胶水黏合，剪断剩余的铁丝后放入球根中，挑起球根的最后一行和第15行，一边拉紧一边将周围用卷针缝缝合

花的组合方法

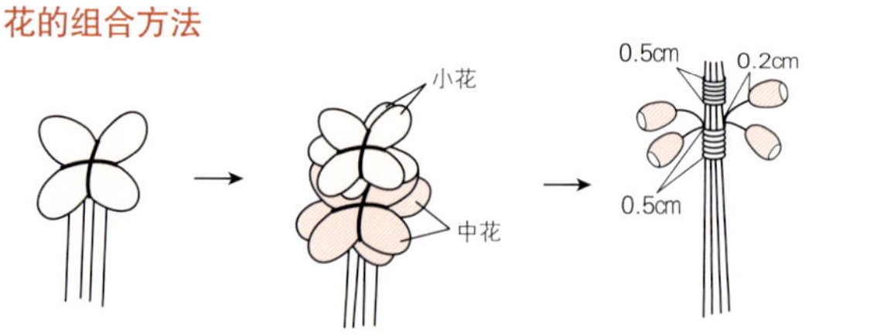

①用对折后的#24铁丝呈十字固定小花

②将小花和中花穿入铁丝并排列均衡

③从中花下方用801号线缠绕0.5cm，4个大花各伸出0.2cm，按照相同的方法用801号线缠绕0.5cm

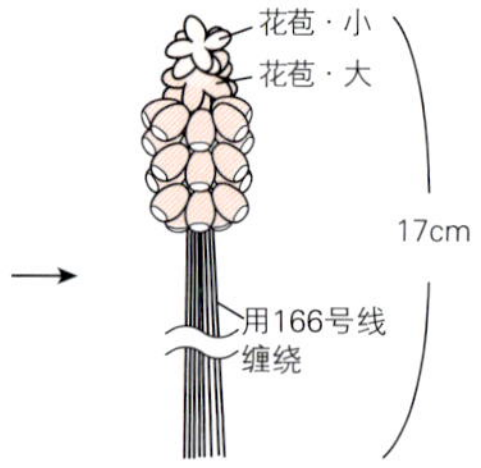

④将③的大花作为1排，共做5排，用801号线缠绕固定，使5排大花相互交错。缠绕好5排后，将2根对折后的#24铁丝添加在第5排的下方，用166号线缠绕至整体长17cm的位置，用胶水粘贴固定

六出花

成品图 -- p.29

所需物品

【线】 25号刺绣线／黄色系（3078）…1.5束，绿色系（368）…1束，褐色系（920）…少量

【针】 2号蕾丝针

【其他】 花艺铁丝＃26…3根、手工用花蕊…3根、胶水…适量

完成尺寸

参考编织图

花a 3078

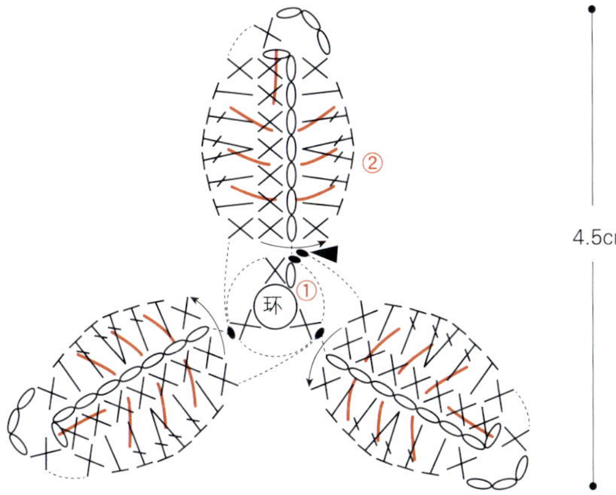

— ＝直线绣（参考p.79）
920号线（3股）

花b 3078

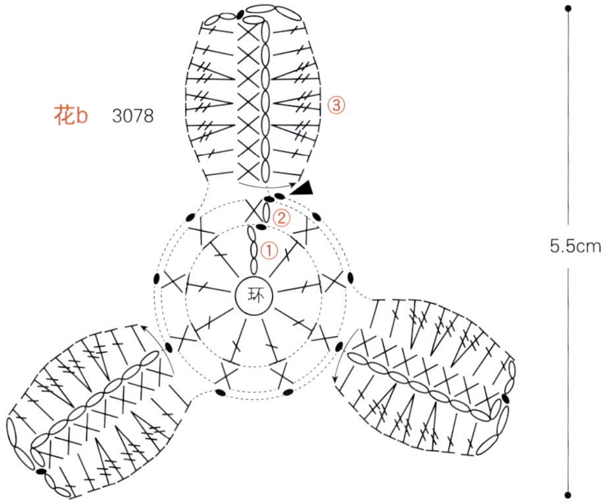

叶子 368 2片

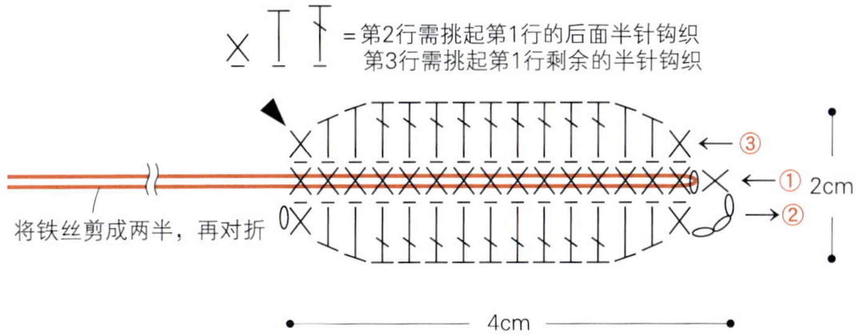

组装方法

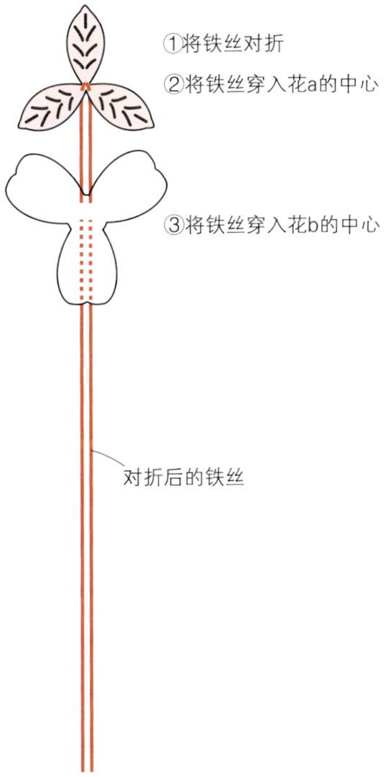

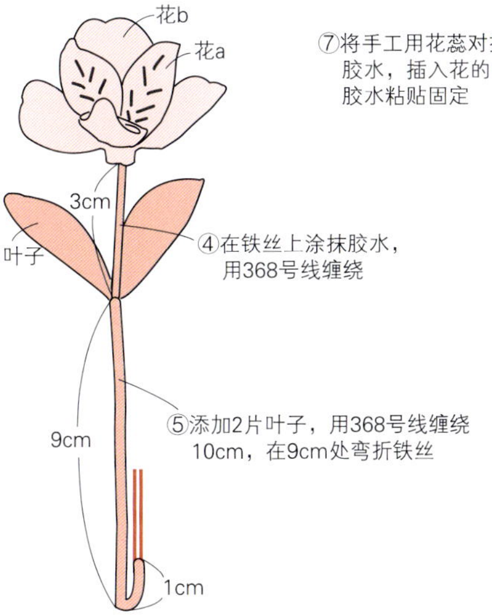

完成图

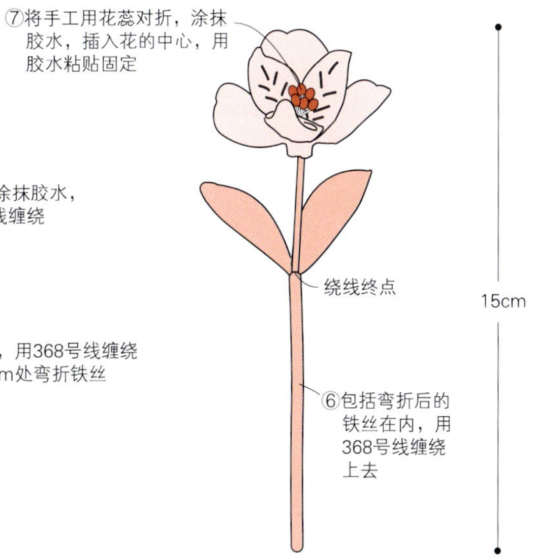

毛边郁金香

成品图 -- p.28　制作要点 -- p.39

所需物品

【线】 25号刺绣线、渐变色线 / a 绿色系（905）（906）、粉色系（3716）、粉色系段染线（4170）…各1束，淡粉色系（605）…0.5束

b 绿色系（987）（988）、粉色系段染线（4180）…各1束，黄色系（19）、粉色系（603）…各0.5束

c 红紫色系（326）、粉色系（601）、绿色系（987）（988）…各1束，粉色系（3832）…0.5束

【其他】 花艺铁丝 # 26…3根

【针】 2号蕾丝针

完成尺寸

参考编织图

花的配色表

行数	a	b	c
4	605	19	3832
4	3716	19	601
3	4170	4180	326
2	3716	603	601
1	3716	603	601

花芯（a、b、c通用）

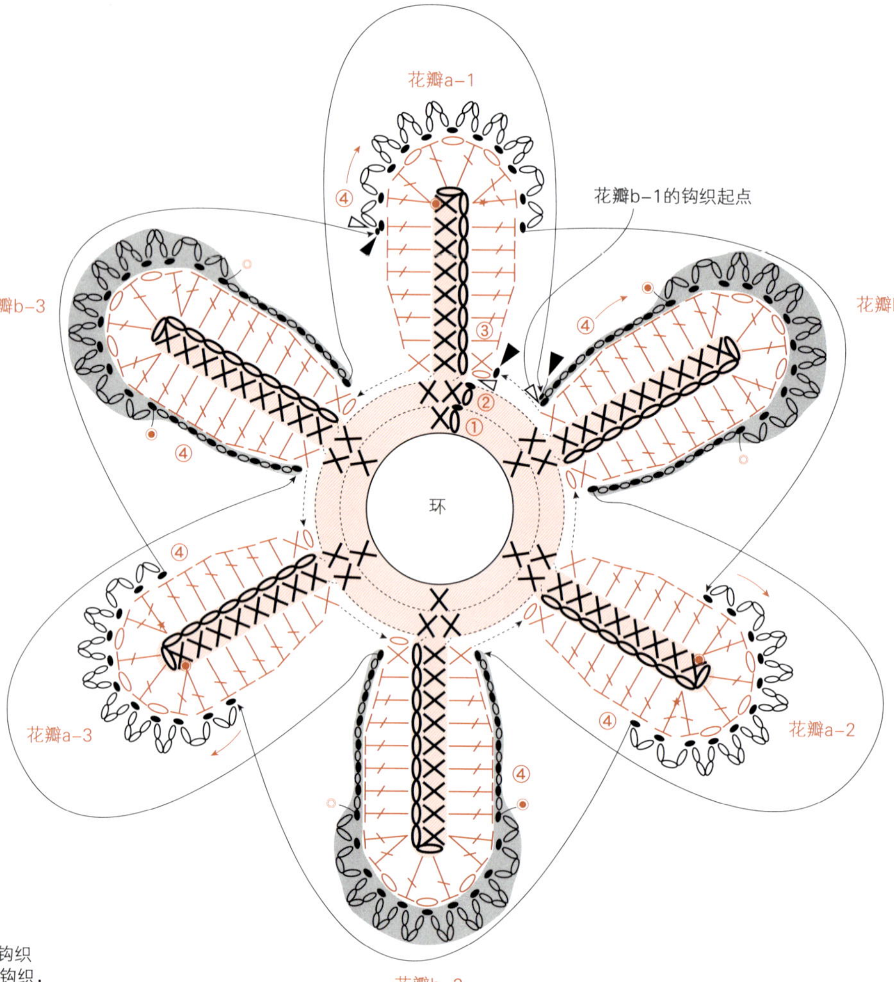

花芯（a、b、c通用）

花芯的配色表

a	b	c
3716	603	601

花的钩织方法（参考p.39）

①用线环起针，钩织6针短针
②第2、3行需按照编织图钩织
③第4行需按照花瓣a-1、a-2、a-3的顺序钩织
④第5行需按照花瓣b-1、b-2、b-3的顺序钩织，但引拔花瓣b-1的●时，需从花瓣a-1的★穿入针目，一起引拔（这时，花瓣b需在a的外侧）接下来按以下顺序继续

b-1○→a-2●
b-2●→挑起★a-2 的长针的根部
b-2○→挑起●a-3 的短针的根部
b-3●→挑起★a-3 的长针的根部
b-3○→挑起●a-1 的短针的根部

茎（a、b、c通用） 1片

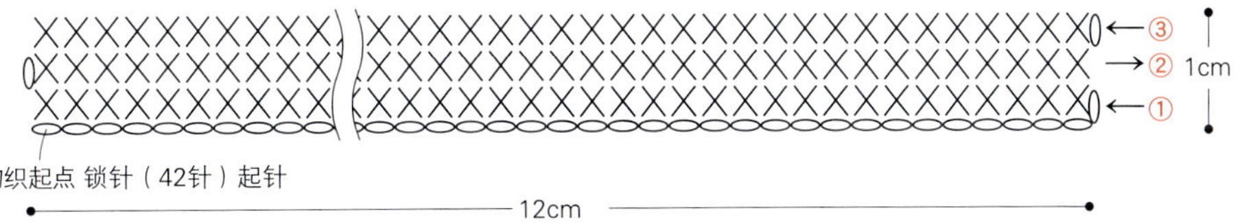

茎的配色表

a、b	c
905	987

叶子（a、b、c通用） 1片

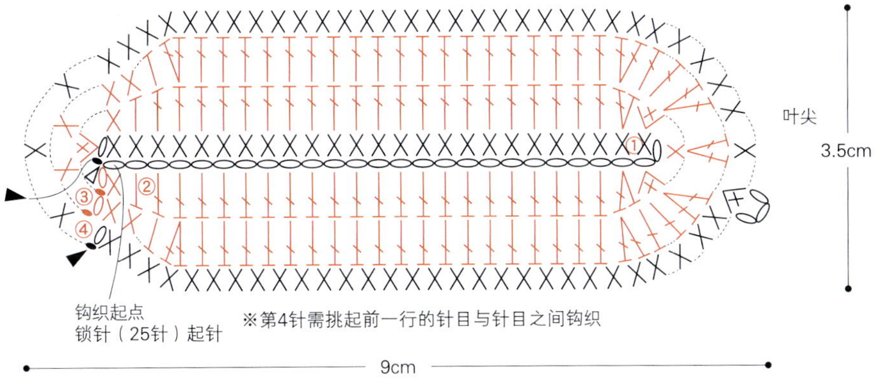

叶子的配色表

a、b		c	
——	905	——	987
——	906	——	988

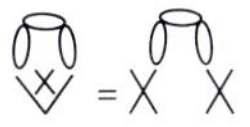

组装方法（a、b、c通用）

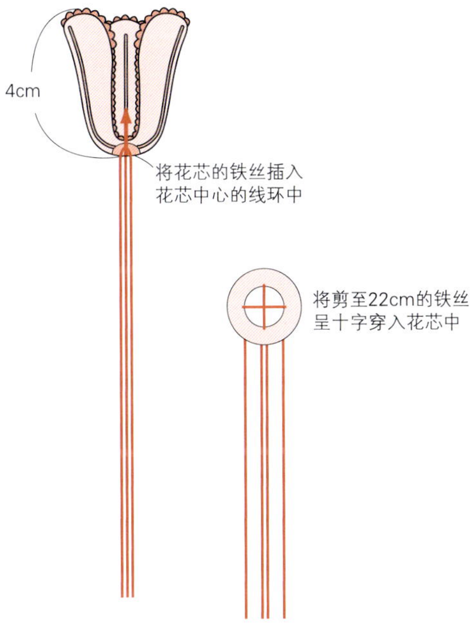

完成图（a、b、c通用）

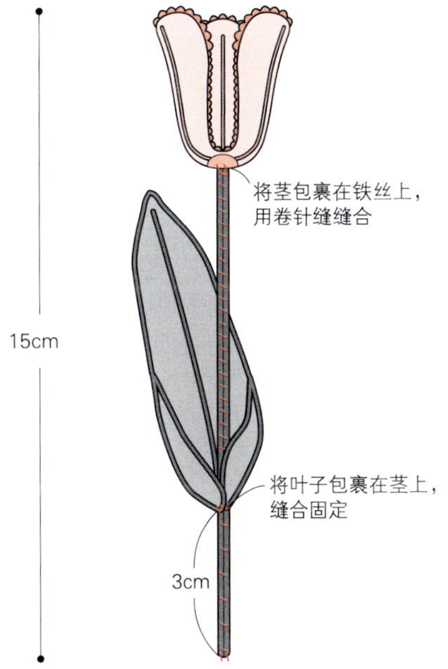

香豌豆

成品图 -- p.30　制作要点 -- p.40

所需物品

【线】 25号刺绣线 / 浅紫色系（26）…4束，绿色系（368）…1.5束

【针】 2号蕾丝针

【其他】花艺铁丝＃26…4根、胶水…适量

完成尺寸

参考编织图

花瓣B　26　6束

铁丝 {18cm　4根 / 36cm　2根

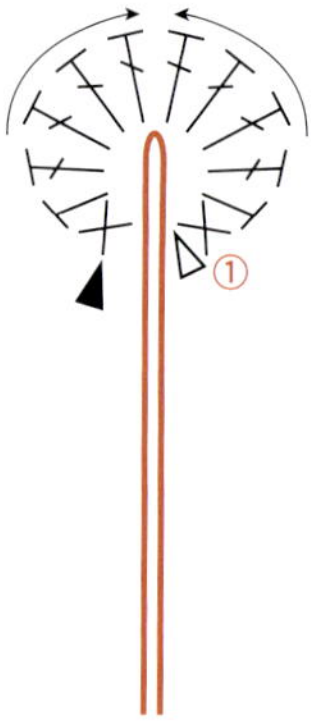

花瓣B的钩织方法

①将18cm和36cm的铁丝对折，参考编织图，包住环状部分钩织

②18cm铁丝需制作相同的4根，36cm的铁丝需制作相同的2根

③花将花按箭头方向对折

花瓣A　26　6片

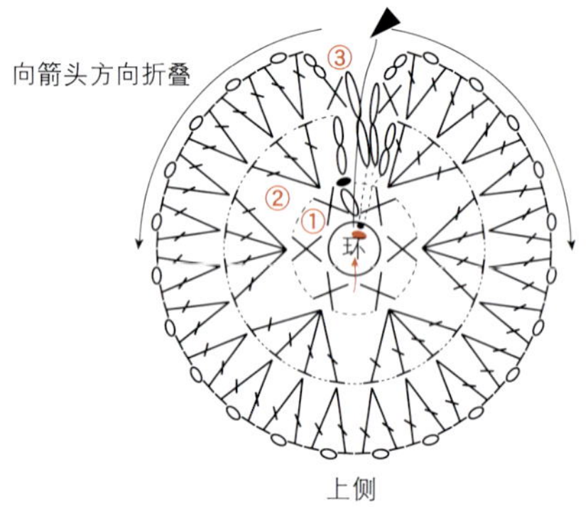

←=穿入铁丝位置
从第1行的背面进入，
穿入起针的线环中
钩织方法参考p.40

萼片　368　6片

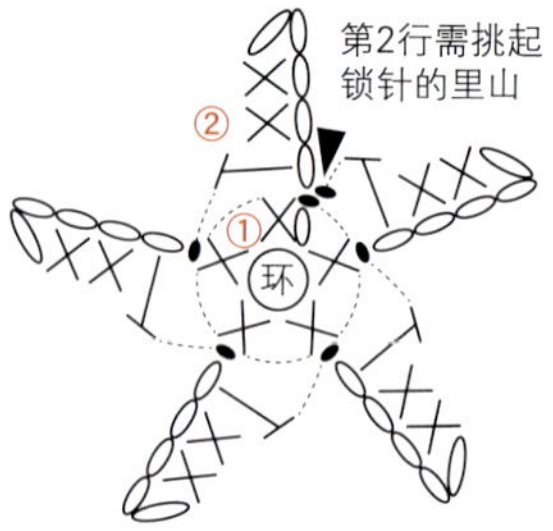

花的组合方法

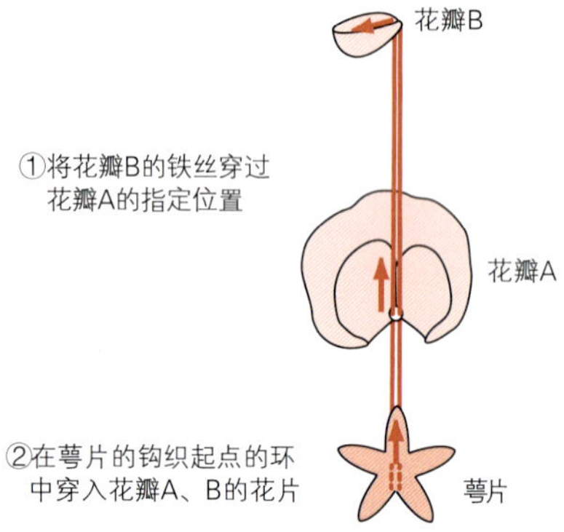

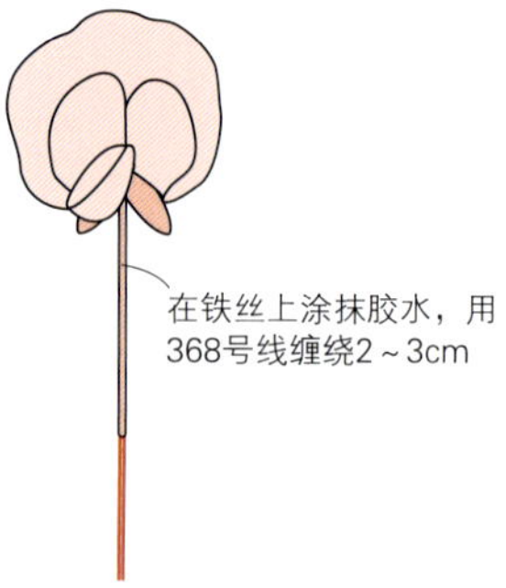

完成图

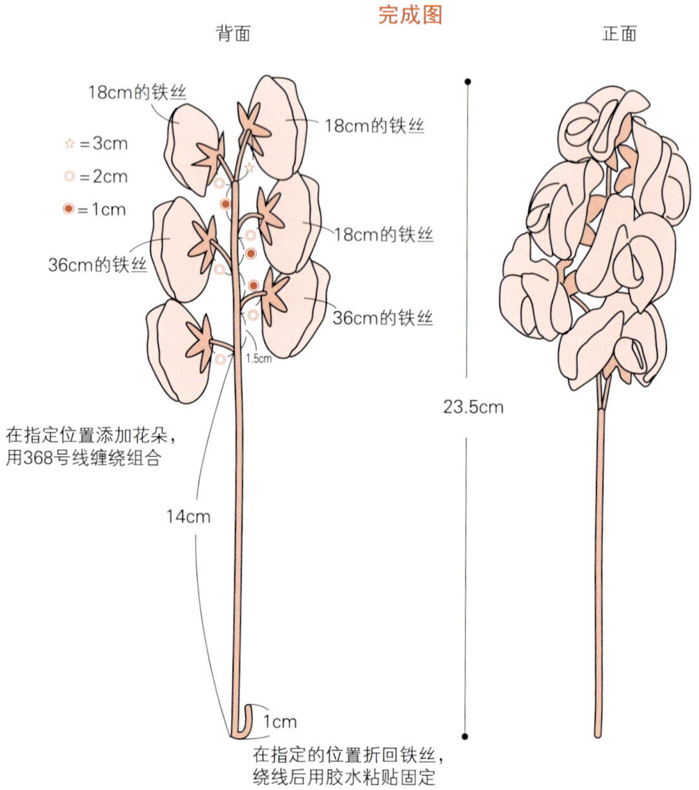

大丽花

成品图 -- p.31

所需物品

【线】 25号刺绣线 / 淡粉色系（818）…2束，绿色系（368）、粉色系（3326）…各0.5束

【针】 2号蕾丝针

【其他】 花艺铁丝 # 26…1根、胶水…适量

完成尺寸

参考编织图

中心的花瓣 3326 1束

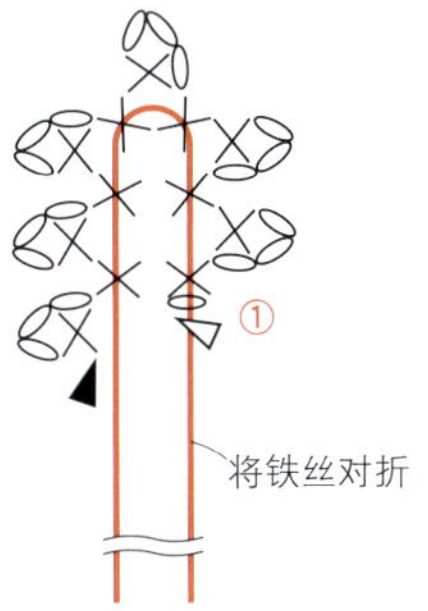

萼片 368

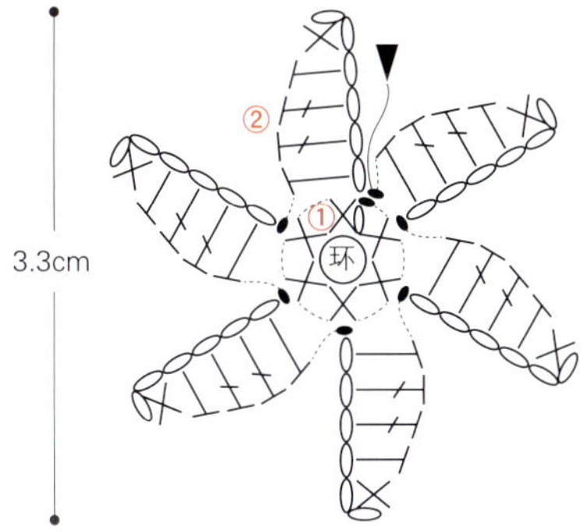

主体 818

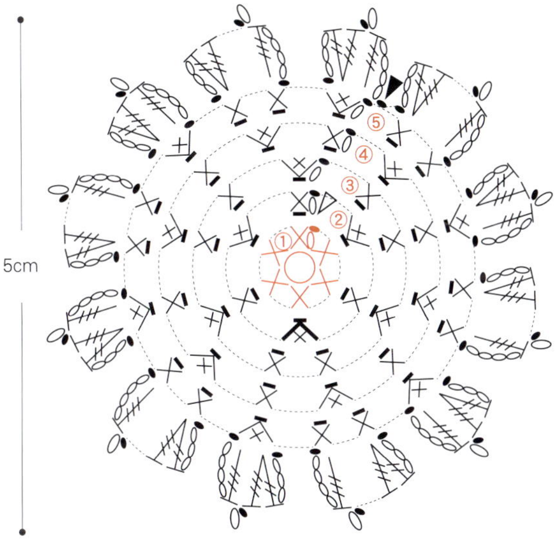

主体的针数表

行数	针数、片数	加针
6	12	
5	24	+6
4	18	+6
3	12	+3
2	9	+3
1	6	

花瓣的数量

排数	片数
第4排	9
第3排	8
第2排	6
第1排	6

花瓣

—— =818
—— =3326

第4排

将第4行顶部剩余的半针（▬）重复9次

第3排

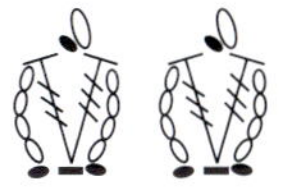

将第3行顶部剩余的半针（▬）重复4次

第2排

将第2行顶部剩余的半针（▬）重复3次

第1排

将第1行顶部剩余的半针（▬）重复6次

组装方法

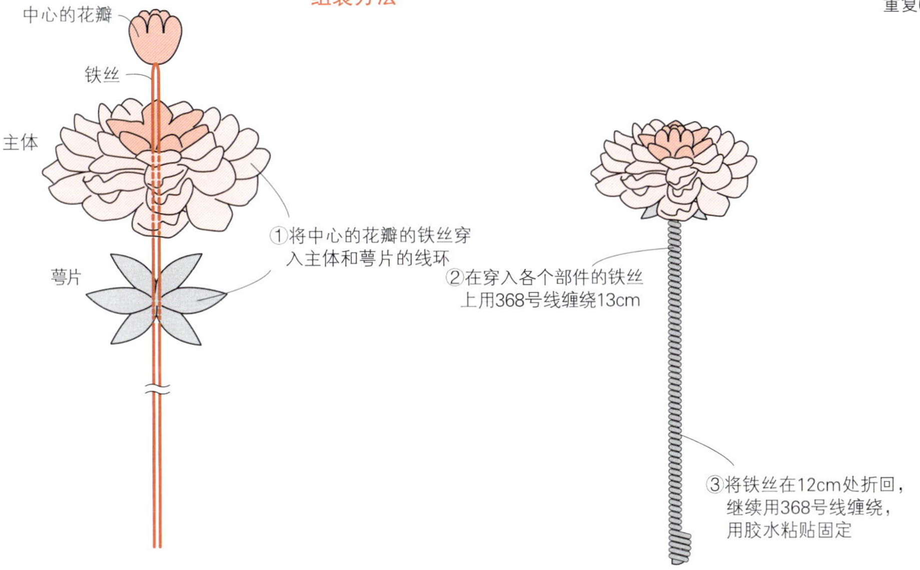

完成图

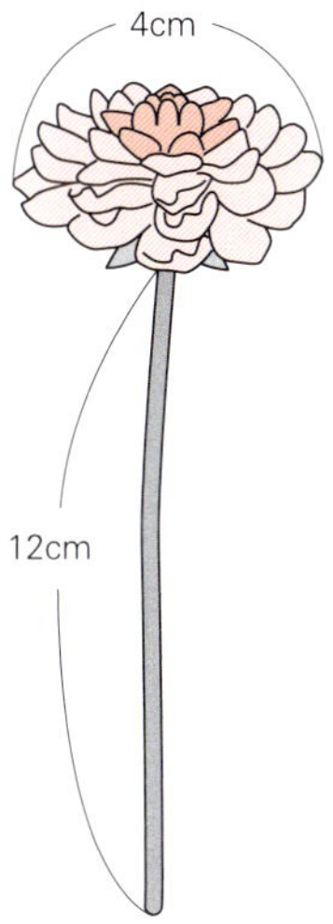

虞美人

成品图 -- p.32

所需物品

【线】 25号刺绣线／橙色系（741）…1束，绿色系（368）…0.5束，浅绿色系（369）、黄色系（3078）…各1束

【针】 2号蕾丝针

【其他】 花艺铁丝＃26…3根、填充棉…适量、胶水…适量

完成尺寸

参考编织图

花苞　369　1个

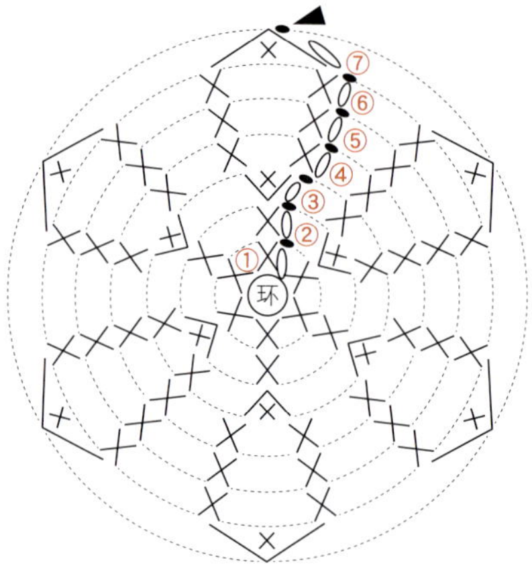

花苞的针目数

行数	针数	加减针
7	6	－6
4～6	12	
3	12	＋4
2	8	＋2
1	6	

花瓣A　2片　741

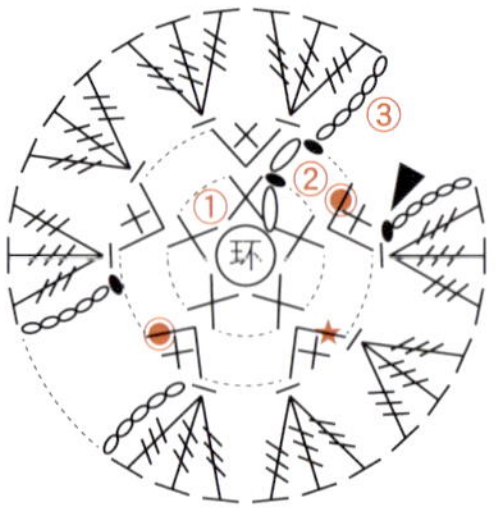

（第3行）＝挑起第2行的前面半针钩织

花瓣B　2片　741

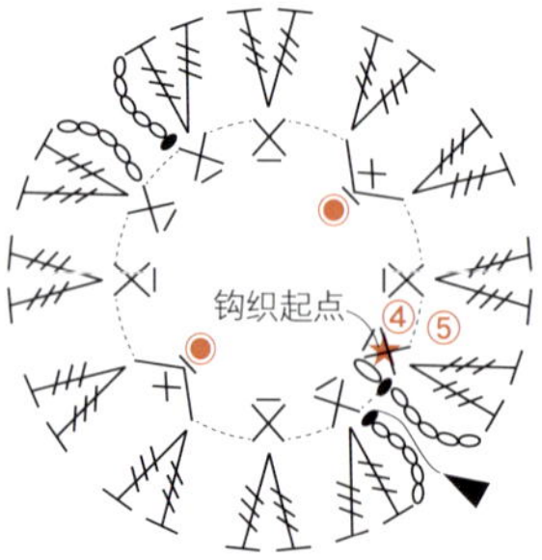

（第4行）＝挑起花瓣A第2行剩余的后面半针钩织

＝第4行开始位置　挑起挑起花瓣A第2行的★标记处的后面半针钩织

●＝在花瓣A第2行的●处增加1针

花芯　2个

——＝369
——＝3078

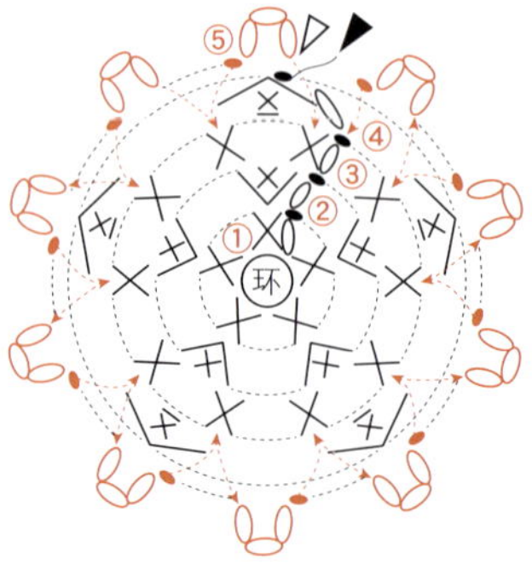

花芯的针目数

行数	针数	加减针
5		10花样
4	5	－5
3	10	
2	10	＋5
1	5	

（第4行）＝挑起前一行的外面半针钩织

（第5行）＝挑起第3行的前面剩余半针钩织

组装方法

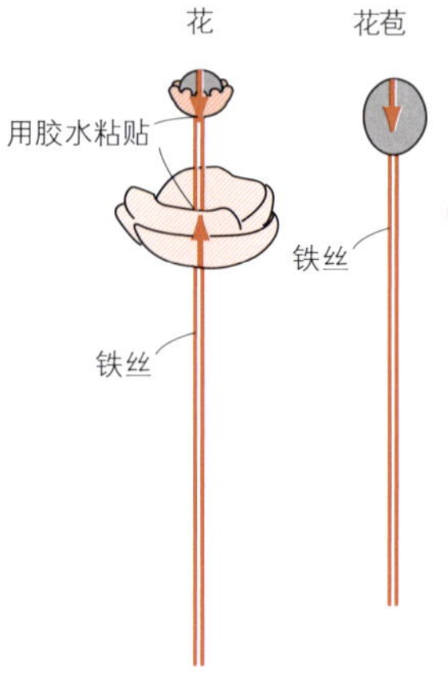

花
①将铁丝对折，穿入花芯和花瓣的线环中

花苞
①塞入填充棉，在对折后的铁丝上涂抹胶水，插入钩织终点一侧，将线头穿入钩织终点的针目中，拉紧固定

③在铁丝上涂抹胶水，用368号线缠绕指定长度

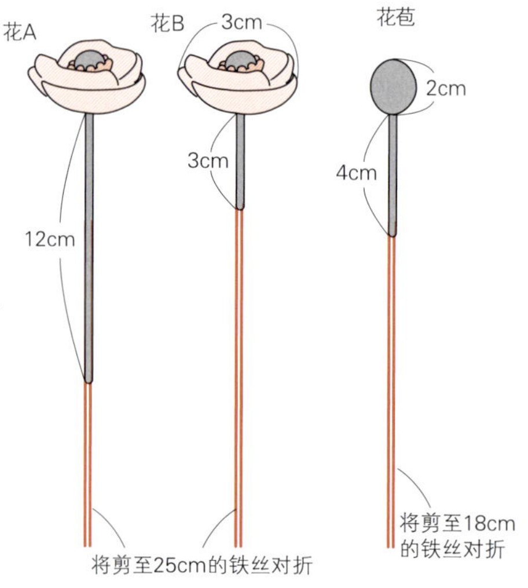

完成图

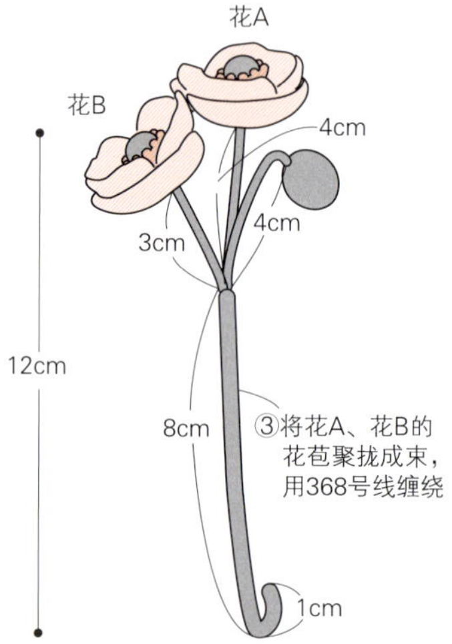

姜黄

成品图 -- p.33

所需物品

【线】 25号刺绣线 / 绿色系(368)、粉色系(3609)…各1.5束
【针】 2号蕾丝针
【其他】 花艺铁丝 # 26…2根、胶水…适量

完成尺寸

参考编织图

花瓣

—— =368
—— =3609

花瓣的底座

—— =368
—— =3609

※钩织终点的线头需保留20cm左右

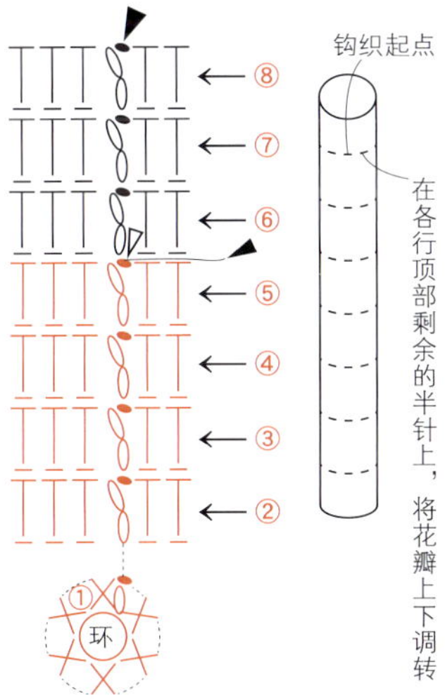

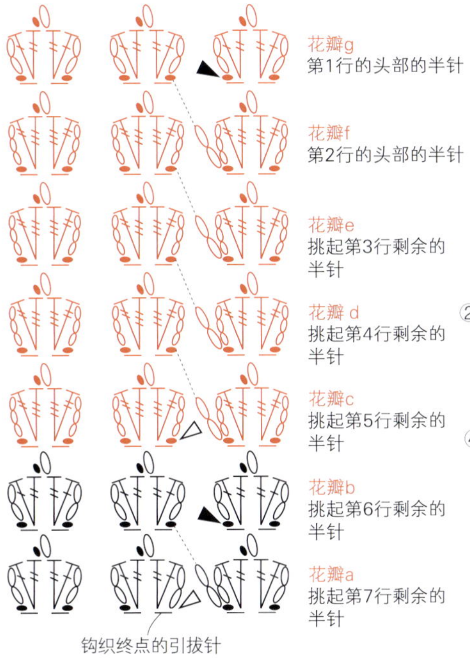

完成图

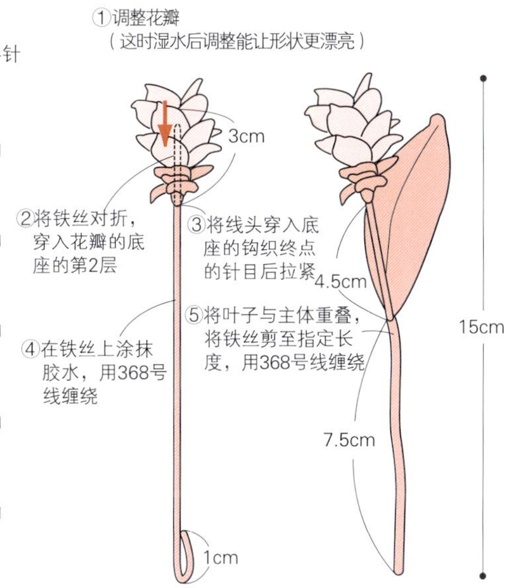

叶子的钩织方法
①将铁丝对折
②用短针包住对折后的铁丝钩织30针
③参考编织图，钩织叶子

叶子 368 2片

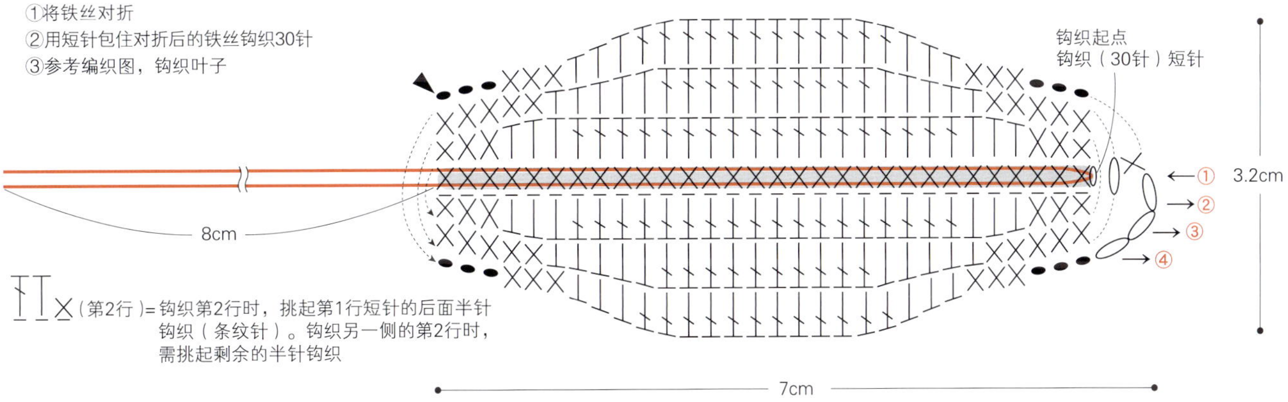

(第2行)= 钩织第2行时，挑起第1行短针的后面半针钩织（条纹针）。钩织另一侧的第2行时，需挑起剩余的半针钩织

钩针钩织的基础

Crochet

编织图的看法

本书中的编织图均为从正面看到的标记。在钩针钩织中，没有正针和反针的区别（拉针除外），即使是在正面与反面交替着看的往返编织图解中，符号的标记也是相同的。

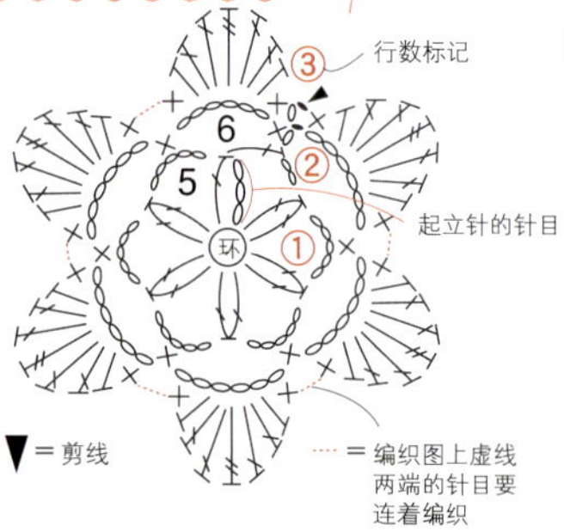

圈织时（环形钩织）

在中心制作线环（或锁针环），然后一圈一圈钩织。在各行的起点钩织起立针，一行一行钩织下去。通常都是看着织片的正面，按钩织图从右向左进行钩织。

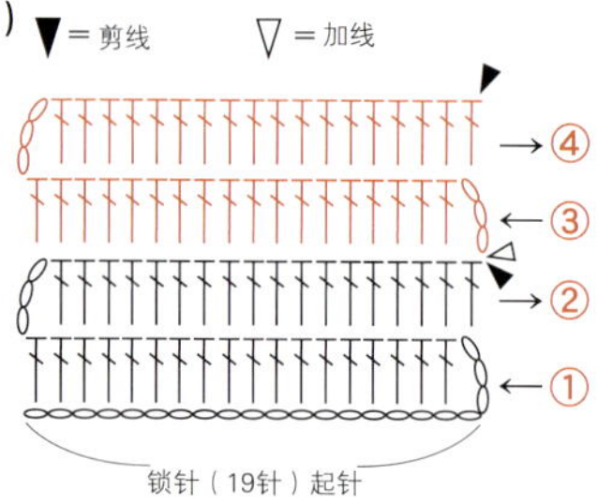

片织时（往返钩织）

以左右两侧的立针为标志，基本钩织方法是：右侧出现起立针时就看着织片的正面，从右向左参照编织图钩织；左侧出现起立针时就看着背面，从左向右参照钩织图钩织。左图为在第3行更换了配色线的编织图。

线和针的拿法

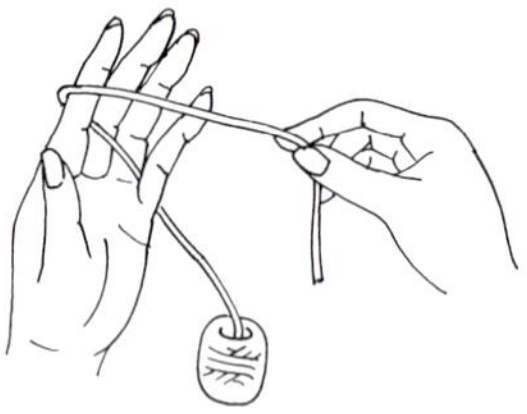

1 将线夹在左手的小指和无名指之间，拉出至前面，挂在左手食指上，线头置于前侧。

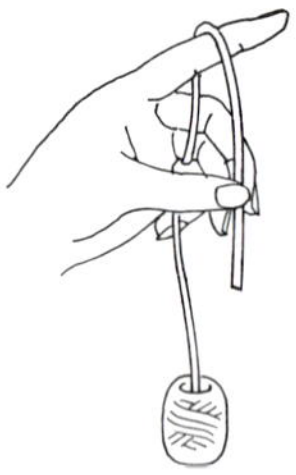

2 用左手拇指和中指捏住线头，立起食指，将线拉紧。

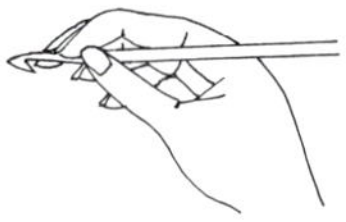

3 用右手拇指和食指握住钩针，中指轻轻按住针头。

起始针的钩织方法

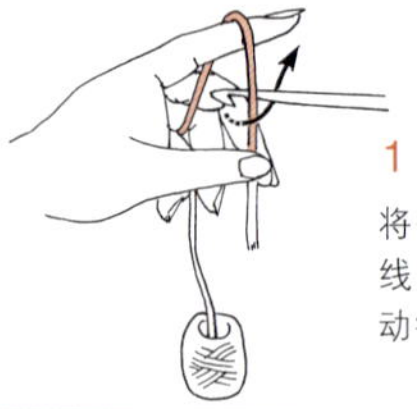

1 将针从线的外侧靠在线上，如箭头所示转动针头。

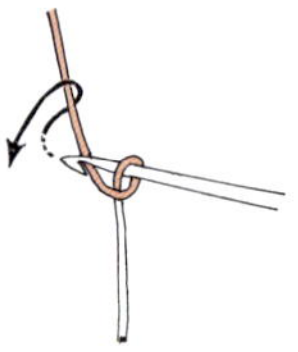

2 再次在针头上挂线。

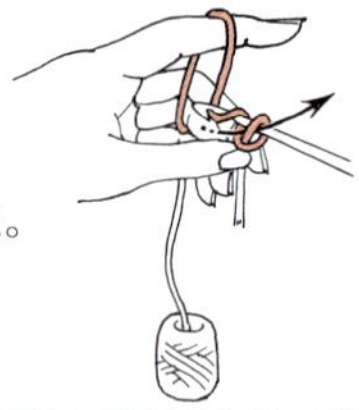

3 穿过线圈，将线拉出至前面。

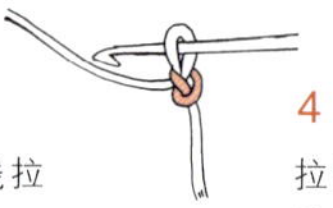

4 拉出线头，拉紧针目，起始针就完成了（这个针目不算作第1针）。

起针

圈织时
（用线头制作圆环）

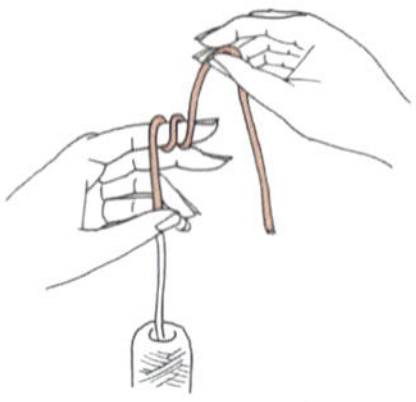

1 在左手的食指上绕2次线，制作圆环。

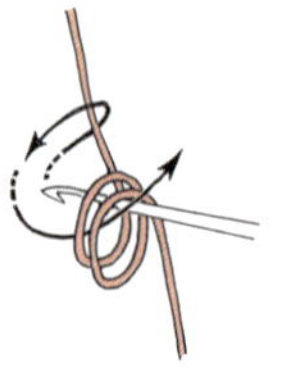

2 从手指上摘下圆环，在圆环中入针，如箭头所示挂线，拉至前面。

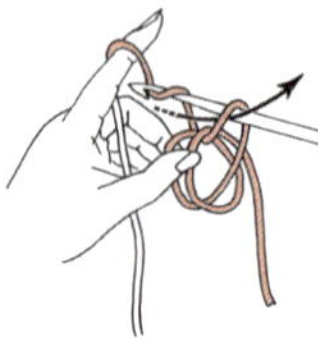

3 再次在针头上挂线并将线拉出，钩织起立的锁针。

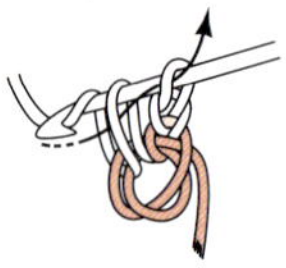

4 第1行均在圆环中入针，钩织所需数目的短针。

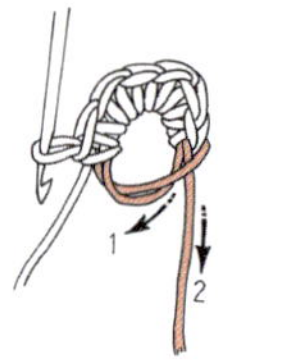

5 暂时将针抽出，拉住最初的圆环的线（1）和线头，拉紧（2）。

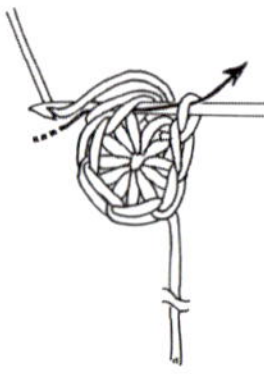

6 第1行的结尾，需在最初的短针头部入针，挂线后引拔。

圈织时
（用锁针制作圆环）

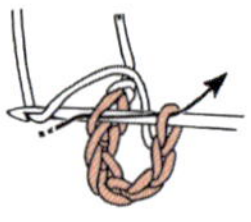

1 钩织所需数目的锁针，在第1个锁针的半针中入针，引拔。

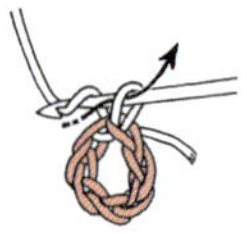

2 在针头上挂线，将线拉出。这就是起立的锁针。

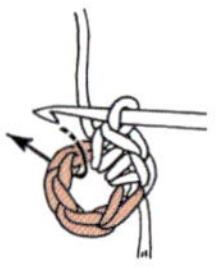

3 第1行需在圆环的中心入针，成束挑起锁针，钩织所需数目的短针。

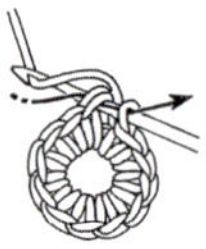

4 第1行的结尾，需在最初的短针头部入针，挂线后引拔。

片织时

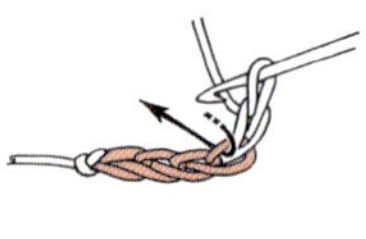

1 钩织所需数目的锁针和起立的锁针，在从顶端起第2针锁针中入针，挂线后拉出。

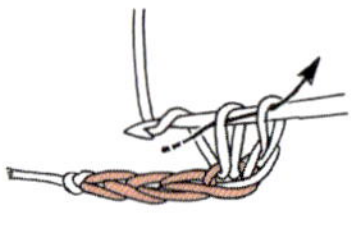

2 在针头上挂线，如箭头所示，挂线后拉出。

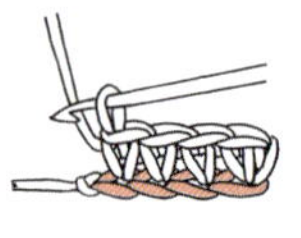

3 第1行钩织好的样子（起立的锁针不算作1针）。

锁针针目

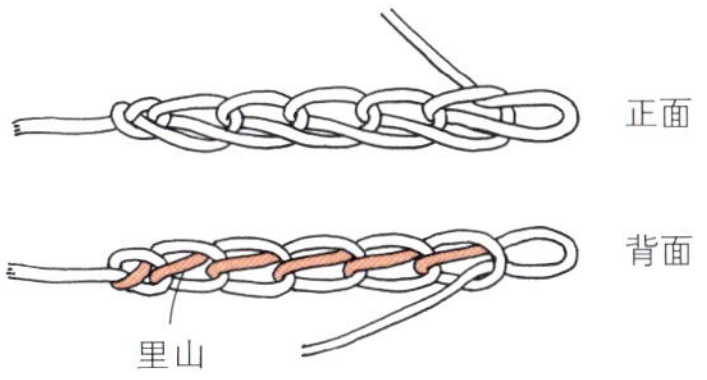

锁针的针目有正、背面之分。在背面的中间有1根线，这个位置叫作锁针的“里山”。

挑起前一行的针目

在 1 个针目上钩织

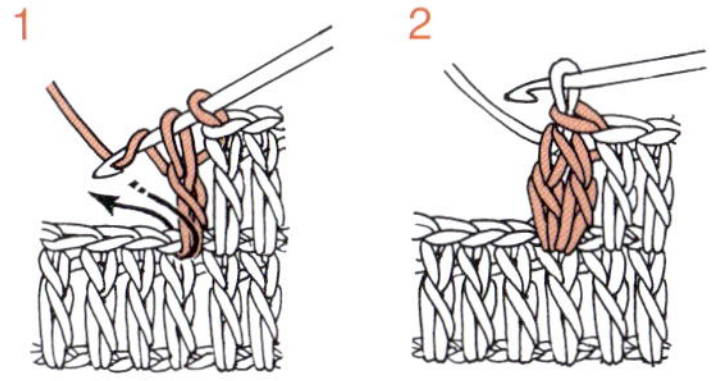

成束挑起锁针钩织

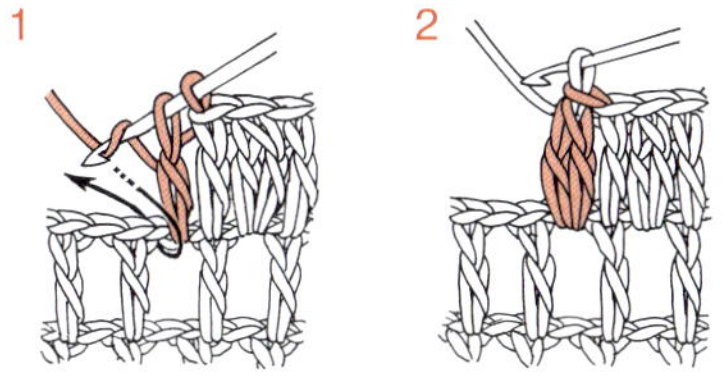

即使是相同的枣形针，符号图不同，挑针方法也不同。符号图的下方闭合时，需在前一行的1个针目中入针钩织；符号图下方分开时，需成束挑起前一行的锁针钩织。

针法符号

锁针

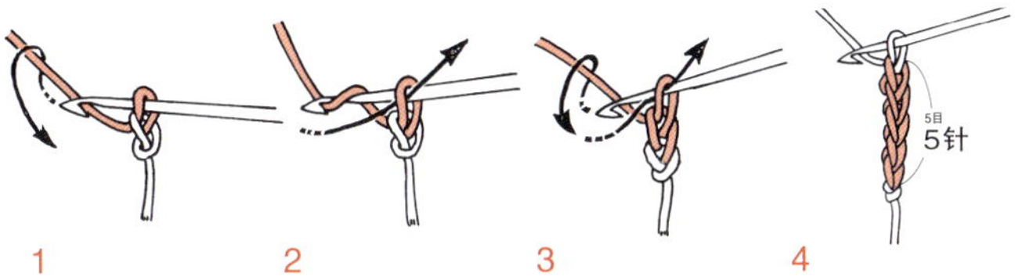

1 钩织起始针，在针头上挂线。

2 将挂在针上的线拉出，完成锁针。

3 按相同的方法，重复“在针头上挂线，将挂在针上的线拉出”。

4 完成5针锁针。

引拔针

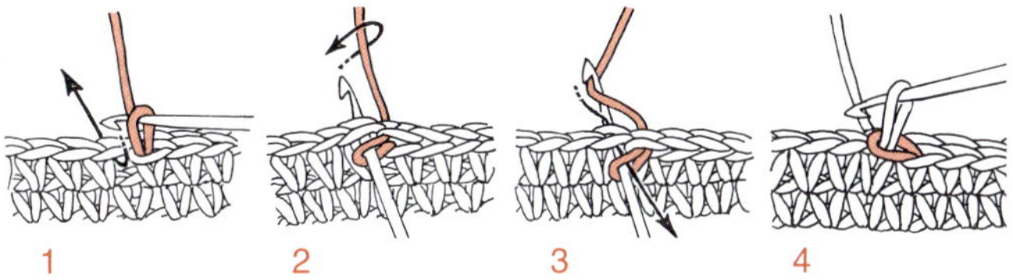

1 在前一行的针目中入针。

2 在针头上挂线。

3 将线一次引拔。

4 完成1针引拔针。

短针

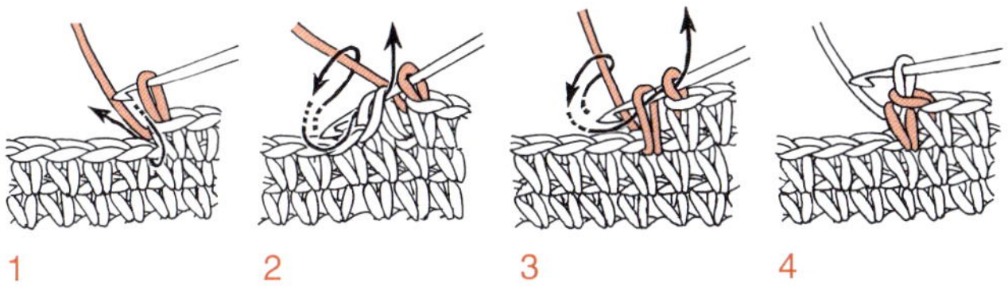

1 在前一行的针目中入针。

2 在针头上挂线，将线圈拉出至前面（拉出后的状态叫作“未完成的短针”）。

3 再次在针头上挂线，一次性引拔穿过2个线圈。

4 完成1针短针。

中长针

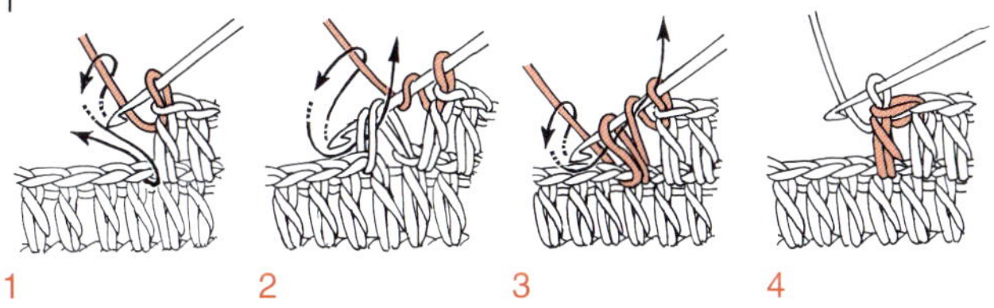

1 在针头上挂线，在前一行的针目中入针。

2 再在针头上挂线，拉出至前面（拉出后的状态叫作“未完成的中长针”）。

3 在针头上挂线，一次性引拔穿过3个线圈。

4 完成1针中长针。

长针

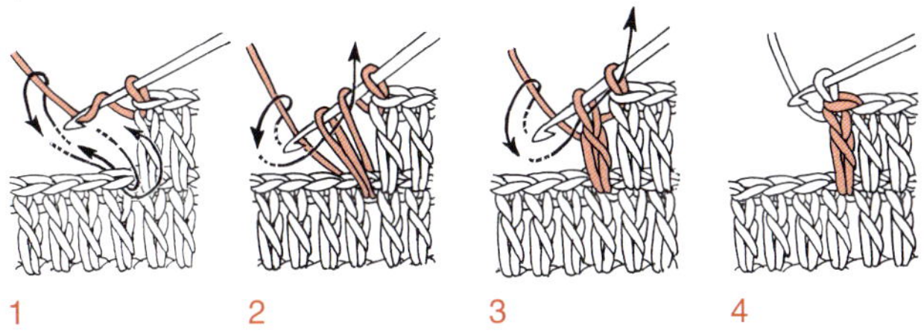

1 在针头上挂线，在前一行的针目中入针，再在针头上挂线，将线拉出至前面。

2 如箭头所示，在针头上挂线，一次性引拔穿过2个线圈（这个状态叫作“未完成的长针”）。

3 再次在针头上挂线，如箭头所示一次性引拔穿过余下的2个线圈。

4 完成1针长针。

长长针　三卷长针 =（●）

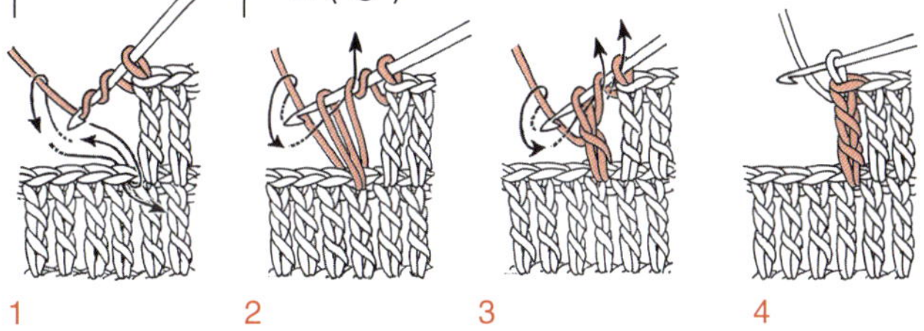

1 在针头上挂2次（●=3次）线，在前一行的针目中入针，再次挂线后将线圈拉出至前面。

2 如箭头所示，在针头上挂线，引拔穿过2个线圈。

3 重复2次（●=3次）相同的动作。第1次挂线结束时的状态叫作“未完成的长长针（●=未完成的三卷长针）”。

4 完成1针长长针（三卷长针）。

短针 1 针放 2 针

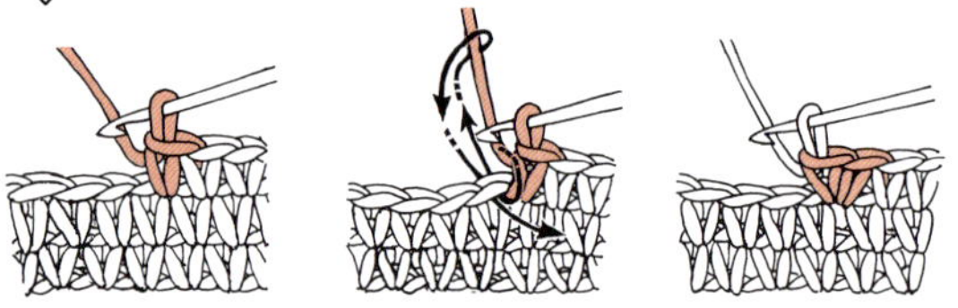

1

钩织1针短针。

2

在同一针目中入针，拉出线圈，钩织短针。

3

在同一针目中钩织好2针短针的样子。

短针 2 针并 1 针

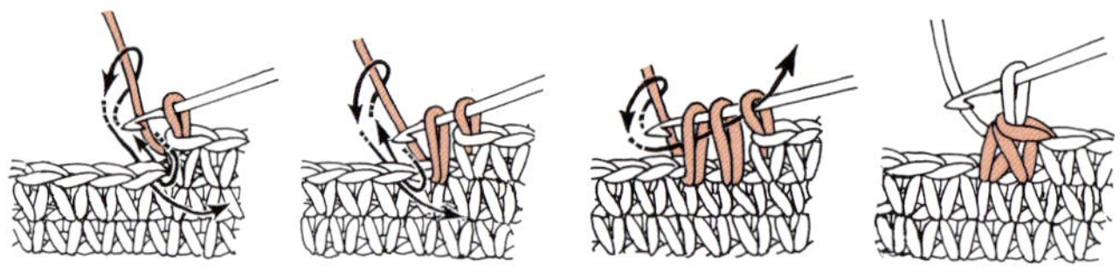

1

在前一行的针目中，如箭头所示入针，拉出线圈。

2

在下一针目中也按照相同的方法拉出线圈。

3

在针头上挂线，一次引拔穿过3个线圈。

4

完成短针2针并1针。比前一行减少了1针。

长针 1 针放 2 针

※如果针数是2针以外或长针以外的情况，按相同要领，在前一行的同一个针目中钩织指定针数的指定符号即可

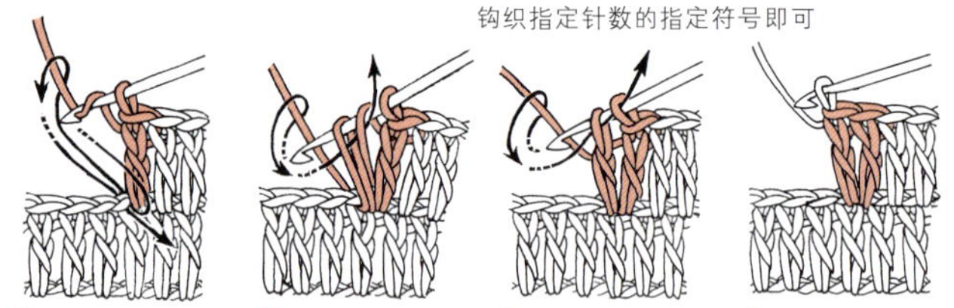

1

钩织1针长针。在针头上挂线，然后在同一针目中入针，挂线后拉出。

2

在针头上挂线，引拔穿过2个线圈。

3

再次在针头上挂线，引拔穿过余下的2个线圈。

4

在同一个针目中钩织了2针长针的样子。比前一行增加了1针。

长针 2 针并 1 针

※如果针数是2针以外或长针以外的情况，按相同要领，钩织指定针数的未完成的指定符号，在针头上挂线，一次引拔挂在针上的线圈

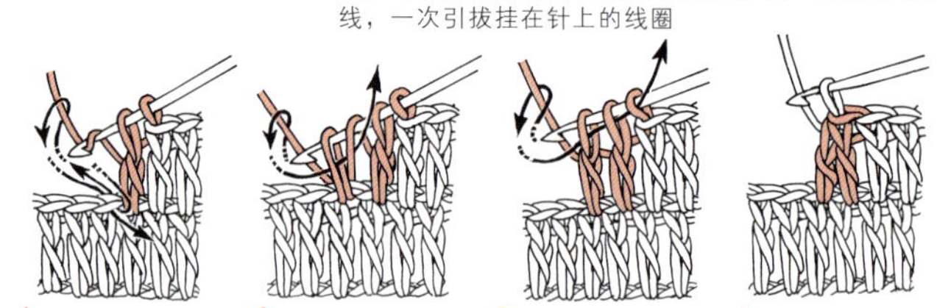

1

在前一行的1个针目中钩织1针未完成的长针（参考p.77），然后在针头上挂线，在下一针目中如箭头所示入针，挂线后拉出。

2

在针头上挂线，引拔2个线圈，钩织第2针未完成的长针。

3

在针头上挂线，如箭头所示一次引拔穿过3个线圈。

4

完成长针2针并1针。比前一行减少了1针。

3 针锁针的狗牙拉针

※如果针数是3针以外的情况，在步骤1中钩织指定的针数，然后按相同要领引拔

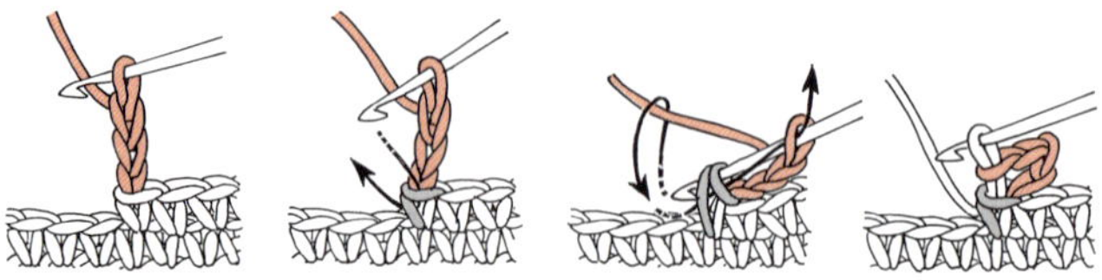

1

钩织3针锁针。

2

从短针的头部半针和根部1根线中入针。

3

在针头上挂线，如箭头所示，一次引拔。

4

完成3针锁针的狗牙拉针。

3 针长针的枣形针

※如果针数是3针以外或长针以外的情况，按相同要领，在前一行的同一个针目中，钩织指定针数的未完成的指定符号，再按照步骤3一次引拔针上的线圈

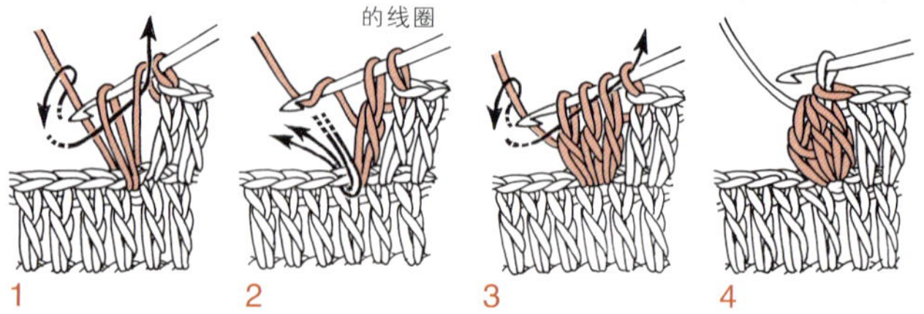

1

在前一行的针目中钩织1针未完成的长针（参照p.77）。

2

在同一针目中入针，继续钩织2针未完成的长针。

3

在针头上挂线，一次引拔穿过针上的4个线圈。

4

完成3针长针的枣形针。

5 针长针的爆米花针

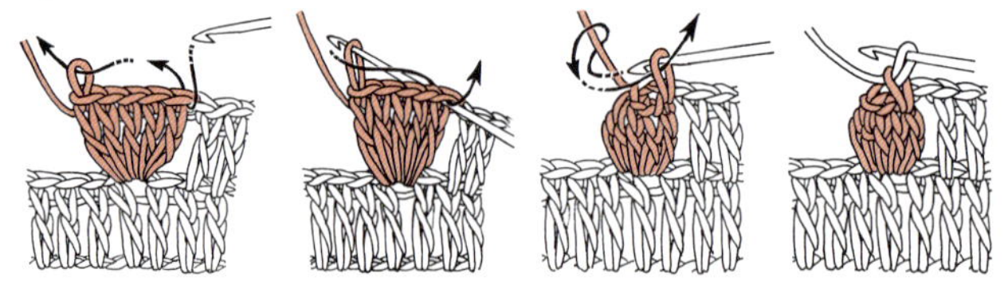

1

在前一行的同一针目中钩织5针长针，将针暂时抽出，如箭头所示在第1针长针的头部和刚刚摘掉的线圈中重新入针。

2

将线圈直接引拔至前面。

3

再钩织1针锁针，拉紧。

4

完成5针长针的爆米花针。

短针的条纹针

※除短针以外的其他符号的条纹针，按照相同方法，挑起前一行的后面半针，钩织指定的针法即可

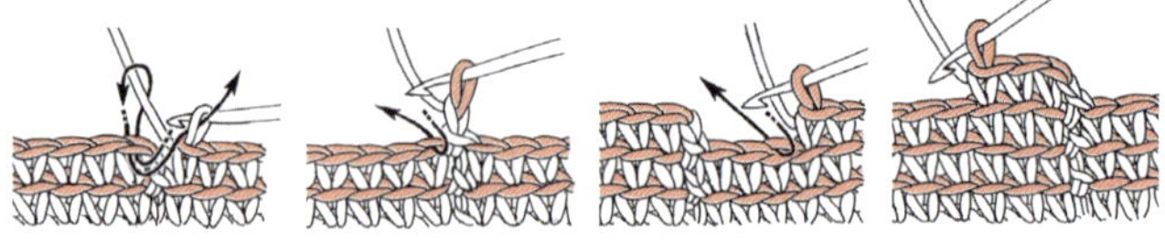

1

每行都看着正面钩织。钩织1圈短针后，在起始针目中引拔。

2

钩织1针起立的锁针，挑起前一行的后面半针，钩织短针。

3

按照相同的方法，重复步骤2的要领，继续钩织短针。

4

前一行的前面半针呈现出条纹状。图为正在用短针的条纹针钩织第3行的样子。

配色花样的钩织方法

（横向渡线，包住渡线钩织的方法）

※【　】为长针的情况

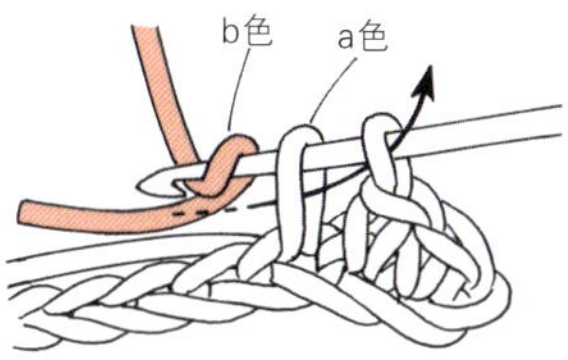

1

钩织未完成的短针【未完成的长针】（参考p.77），将配色线（b色线）挂在针上，引拔。

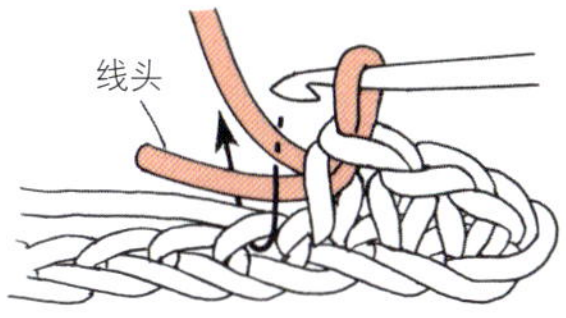

2

引拔好的样子。继续，用b色线钩织，但需要一边包住底色线（a色线）和b色线一边钩织。因为是将线头一起包住钩织的，所以不用再单独处理线头。

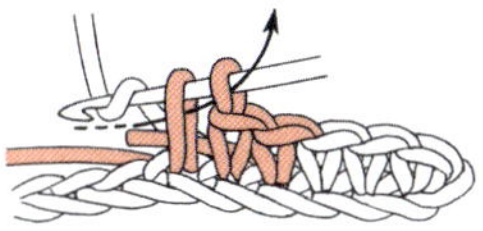

3

b色线织到所需针数，在用a色线钩织短针前，按照与步骤1相同的方法，将钩织线替换为底色线（a色）。

罗纹绳的钩织方法

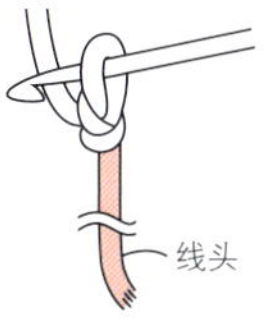

1

按完成尺寸的约3倍长留线头，钩织起始针（参考p.76）。

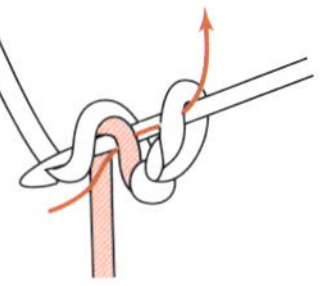

2

将线头从前向后挂在针上，再挂上另一侧的钩织线后引拔。

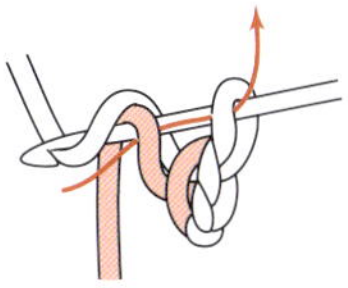

3

重复步骤2，钩织所需针数。

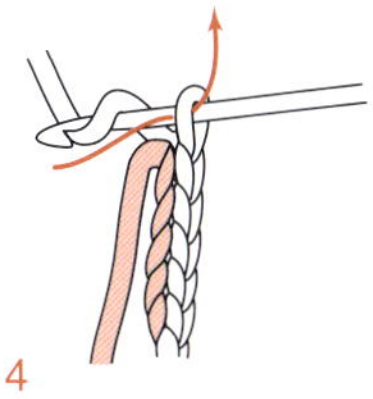

4

在钩织终点，不用挂上线头，只将钩织线挂在针上后拉出。

卷针缝

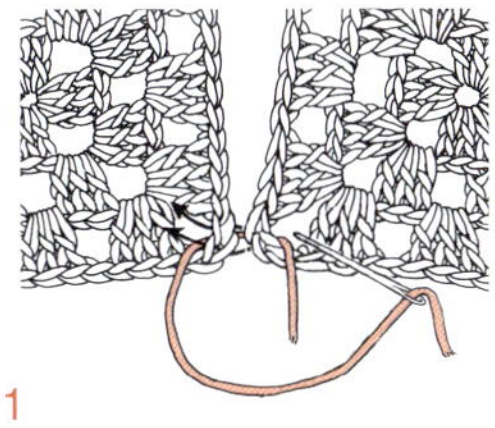

1

把2片织物的正面朝上并排放好，挑起针目的头部的2根线并拉紧。缝合的起点和终点的针目需挑针2次。

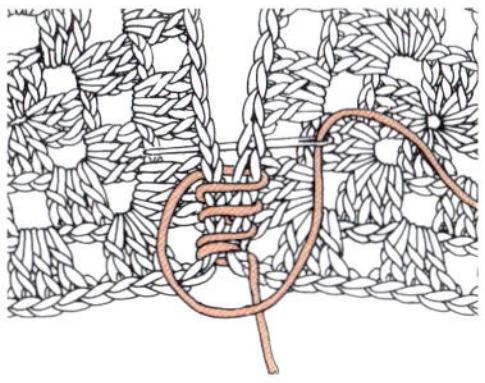

2

挑起每个针目缝合。

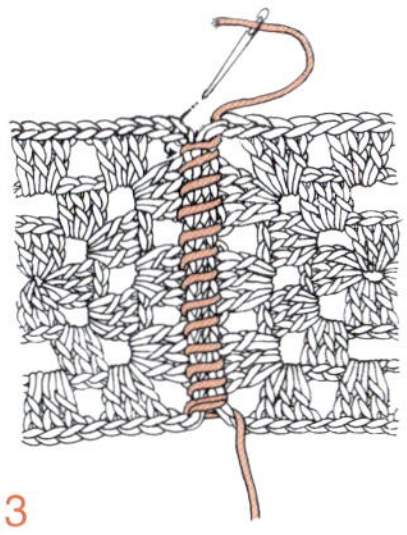

3

缝合至顶端的样子。

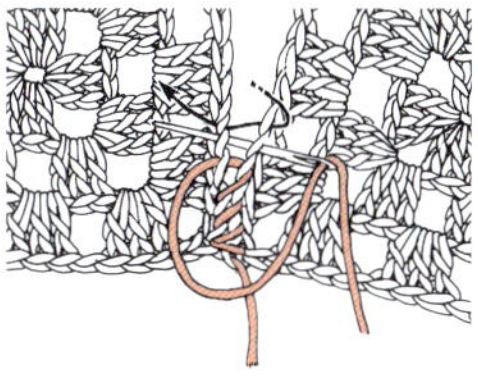

挑起半针的方法

把2片织物的正面朝上并排放好，挑起外侧半针（针目头部的1根线）并拉紧。缝合的起点和终点的针目需挑针2次。

刺绣方法

Embroidery

直线绣

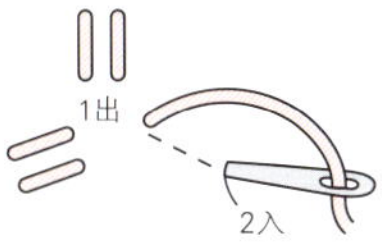

长短针绣

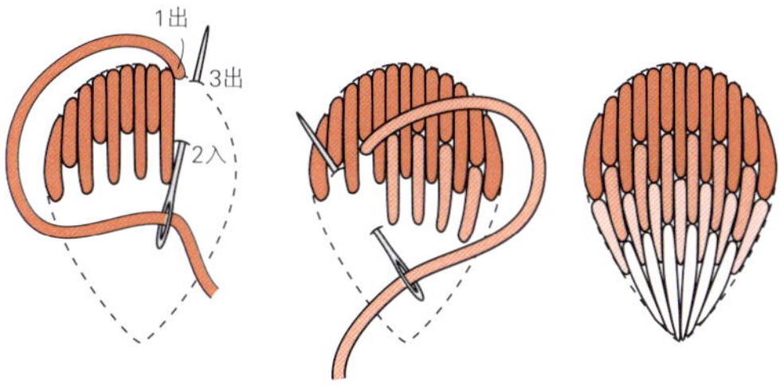

刺しゅう糸で編むかぎ針編み麗しの花図鑑
Sisyuuitode amu Kagibariami Reisi no hanazukan

图书在版编目(CIP)数据

刺绣线钩织的四季花草 / 日本E&G创意编著；刘晓冉译. -- 郑州：河南科学技术出版社，2025. 8.--ISBN 978-7-5725-2088-4

Ⅰ. TS935.521-64

中国国家版本馆CIP数据核字第20259QE834号

出版发行：河南科学技术出版社
地址：郑州市郑东新区祥盛街27号　邮编：450016
电话：（0371）65737028　65788613
网址：www.hnstp.cn
出 版 人：乔　辉
策划编辑：梁莹莹
责任编辑：梁莹莹
责任校对：刘逸群
封面设计：张　伟
责任印制：徐海东
印　　刷：河南博之雅印务有限公司
经　　销：全国新华书店
开　　本：889 mm×1 194 mm　1/16　印张：5　字数：180千字
版　　次：2025年8月第1版　2025年8月第1次印刷
定　　价：49.00元
